斉藤国治 著

歴史のなかの天文

—星と暦のエピソード—

【第二版】

雄山閣

本書は、一九九五年に小社から刊行した『宇宙からのメッセージ―歴史の中の天文こぼれ話―』を改題、誤字脱字の修正をして復刊した書籍です。

はしがき

古い文献類を読みあさっていると、ところどころに日食・月食・彗星その他の天文記事が挿入されているのを見る。天空に出現したこれら「天変」は、地上の為政者が犯している失政や為政者自らの不行跡に対して天上の天帝が地上にくだした警告であると見なされて、当時すべて畏敬と慎みの念をもって受け取られていたのである。天変の記録は正史（たとえば『日本書紀』）のなかに年月日まで詳しく書きとめられているが、これは記録者（中国では太史、日本では外記という役人）がその天変記事の信憑性を、あるいは記録全体の信憑性を後世に向かって強く主張しているように見える。

しかし、これらの記録には、無作為による誤記・錯簡も含まれているだろうし、なかには故意の改竄・曲筆が加えられている疑いもある。その点について、筆者の提唱する「古天文学」は、日月惑星などの天体の運動を古代に遡って、ある程度の精度をもって再現することが可能だ。したがって、古代の天文史料の類は「古天文学」による検証をおこなって、いちいちその真贋を判定してみることが好ましい。

筆者はこのような考えに立って、自ら適当な天文方式を考案し、パソコン・プログラムを組み立てて、古天文学計算を試みてきた。その成果はすでにいく冊かの書物にまとまって世に出しているので、詳しくは「あとがき」をみられたい。さて、そのような計算や検証作業を進めるなかで、学術的価値のほかに、一般的に楽しい話題がいくつかあとに残った。本書はそのような楽しい話題をあつめて、それに少しく古天文学の味つけを加えた「読み物」である。別に堅苦しいことは述べていないから、気軽にお読みいただければ、筆者として本望と考える次第である。

「古天文学」という用語は筆者の新造語であり、これは『星の古記録』（岩波新書、一九八二）に初登場したが、今回『文部省学術用語集・天文学篇』（一九九四）に公用語として登録された。英語名は「Palaeoastronomy」となっている。これは大崎正次氏（小金井市）の提言（『天界』七九一号、一九九一年六月）が採用されたのであろう。

ところで、古天文学とは「古い天文学」の意ではなく、「古天文の学」の意だから、「学」をはぶいて「古天文」だけでも通用するであろう。読者の皆さんも、この言葉を気軽に使って下さることを期待している。

筆者しるす

一九九五年五月

歴史のなかの天文―星と暦のエピソード―　目次

第一章　邪馬台国・卑弥呼の日食

天の岩戸神話＝皆既日食説

日本の神話に「天の岩戸隠れ」という物語があるが、古天文の研究者としてはこれを避けて通るわけにはいかない。というのも、日本人の潜在意識には「天の岩戸隠れとは皆既日食のことだ」という考えが定着しているからである。

この説が最初に登場した文献は、江戸時代中期の儒者・荻生徂徠（一六六六～一七二八）の著書『南留別志（なるべし）』であるらしい。そのなかの一節に、

●日の神の天磐戸にこもりたまひしといふは日食の事なり。諸神の神楽を奏せしといふは日食を救ふわざなるべし。

とある。（佐藤利男氏の教示による）そこで、この説を古天文学の立場から具体的に調べてみたいと思う。もっともこれは古天文学としてはいくぶん趣味的な研究に属する。

天の岩戸神話は、『古事記』の上巻と『日本書紀』の巻一に載っている。内容は両書ともほぼ同じである。

すなわち、スサノオの乱暴を怒って姉のアマテラスは天の岩屋に身を隠してしまう。すると高天原はみな暗く、葦原の中つ国はことごとく闇となり、もろもろの妖患（わざわい）が発生して世のなかが騒然となる。そこで八百万の神々が天の安の河原に集まって対策を練る。その結果、あるトリックを使って、岩屋にこもっているアマテラスの関心を外に引きつけることにした。そして、彼女が岩戸をほそ目にあけて外をのぞこうとするところをすかさず、大力無双のタヂカラオが岩戸に手をかけて押し開き、アマテラスを外へ導き出してしまう。アマテラスが外に出ると世のなかはふたたび明るくなった、という話である。『記紀』（『古事記』および『日本書紀』）の記述によると、この事件があったとき、常世（とこよ）の長鳴き鶏が鳴き出したとある。

筆者は天文学のプロとして、国内・国外で一〇回の日食観測（皆既食八回・金環食二回）を経験しているが、実際、日食が進むにつれてあたりには冷気が漂ってきて、周囲は夜でもなく昼でもなく黄昏色に暗さを増し、空を飛ぶ鳥はねぐらへ急ぎ、雄鶏はときを告げる。

また、アマテラスがほそ目に岩戸を開けると一閃の光が外の闇に流れ出る場面は、皆既日食の終わりに月の縁から日光がサッとほとばしり出る一瞬、いわゆるダイヤモンド・リングの出現を実によく表現している。

このような突然の天地晦冥とその後の輝かしい復活は、古代人の心を恐怖のドン底から歓喜の絶頂へと揺さぶったことだろう。彼らがこの実体験を強く記憶にとどめて、それを岩戸神話につくり上げて子孫に語り伝えたというのは心情的にも受け入れやすい。

この「天の岩戸＝日食」説を受け入れるとすると、ではその日食は「いつ、どこで」見られたとするのかが古天文学における課題となる。

オッポルツェルの『食宝典』

地球上で日食が見られる年月日とその地域については、一九世紀の終わりのころに計算ができあがっている。オーストリアの天文暦学者オッポルツェルの労作『食宝典』（一八八七）がそれだ。

この本には、BC一二〇八年からAD二一六一年までのあいだに、地球上で見られる八千個の日食（皆既・金環・部分食のすべて）が計算され、それぞれに順番号をつけ、中心食の通過する地上経路が図示されている。もっとも、いまから一〇〇年前にオッポルツェルがおこなったこれらの計算はすべて手計算であり、多くの省略算がなされているため、今日の目でみれば精度の点で問題がある。

東アジアにおける日食に限定した調査としては、渡辺敏夫博士（一九〇五～）の大著『日本・朝鮮・中国――日食・月食宝典』（一九七九）がある。これはオッポルツェルよりもきめ細かな計算をし、中心食帯の幅まで詳しく示しているため、東アジアに見られる日食を調べるのであれば、渡辺表のほうがオッポルツェル表よりは格段に優れている。

さらにごく最近には、イギリスのスティーブンスンとホールデン両氏による『東アジアの歴史的日食マップ集』（一九八六）がある。これはコンピュータ・グラフィックスによる日食中心帯の地上経路マップであり、渡辺表と類似している。このほかにも日食マップの出版は続いているが、最近ではコンピュータ・ソフトが売り出されているので、これを購入すれば、だれでも簡単に日食マップをプリントアウトできるようになっている。したって、天文学の専門知識がなくても、日食の経路図などを簡単に作ることができる。

（ここでちょっと注意をうながしておきたい。それは、コンピュータ・グラフィックスで日食が描画されると、それが絶対正確な結果だと速断してしまう傾向が一般にあることである。日食の予報計算は十分精密な結果を保証するといっても、それは現代の日食についていえることで、一〇〇〇年以上前の時代の日食についてはそうはいかない。そのころの月の運動の不正やその後の地球の自転速度の減衰についての知識がまだ十分でないために、研究者のあいだで計算に使う天文要素の一致した値が決められていないのである。当然ながら、採用された天文要素がわずかでも異なれば計算の結果もそれなりの異同が出る。したがって、発表者によってその計算結果にいくらかの相違が見られる。それらのうちのどれが正しくどれが誤りであると決めるわけにはいかないのが現状である、という点をご承知いただきたい）

さて、これだけ準備をして、つぎには岩戸日食がいつどこで見えたとあるかを原典にもどって探究してみよう。

岩戸日食をさがす

まず、どこで岩戸日食が見えたかについては、『記紀』によれば「高天原の安の河原」だとある。高天原とは空と水との連なるところ、つまり水平線の彼方だという説もある。これでは海外なのかもしれず、つかみどころがなくなるから、一応は日本国内のどこかだと限定しよう。しかも古代日本国家の中心地、邪馬台国内と仮定しよう。

邪馬台国の所在地についてもさまざまな説があるが、多数決にしたがって候補地は上位二者、大和盆地と九州北部の二か所に絞ることにしよう。

つぎに日食の起きた年月日を探る。

第二次世界大戦終結（一九四五）までは、日本では『日本書紀』の紀年法が強制されており、神武天皇即位元年がＢＣ六六〇年にあたるとされていた。古代の年代はすべてこの紀元にもとづいて編年されていて、公式にはこれに異を唱えることは許されなかった。天の岩戸事件は神代の話であるから、当然ＢＣ六六〇年以前のことと設定しなければならなかったのである。

戦前の学者たちはやむを得ず、岩戸日食の候補として、たとえばＢＣ七二九年三月三日午前中に九州から本州をかすめて通った皆既日食（オッポルツェル日食番号一一二三番）をあげたりしたものだった。

このように戦前の学者はもっぱらＢＣ六六〇年以前の日食を探さねばならなかった。しかし戦後にな

表 1-1
A.D.1 ～ 600 年間に本州・四国・九州を通る中心食（25 例）

オッポーツェル日食番号	食の種類	A.D.年月日	中心食の経路
2885	皆既	1 Ⅵ 10	午後に奥九州北部を横断
2986	金環皆既	41 Ⅳ 19	午後に九州南方海上を斜断
3017	〃	53 Ⅲ 9	午前に四国・中国を斜断
3142	金環	103 Ⅵ 22	午後に九州南方海上を横断
3248	〃	146 Ⅷ 25	午前に中国・近畿を横断
3267	皆既	154 Ⅸ 25	午前に本州中部を斜断
3271	〃	156 Ⅲ 9	日出ごろ奥州から始まる
3276	〃	158 Ⅶ 13	日没ごろ中国・四国に達す
3324	金環皆既	179 Ⅴ 24	午後に置く部北部を横断
3372	金環	200 Ⅸ 26	午前に奥州北部を横断
3478	皆既	247 Ⅲ 24	日没ごろ九州西方海上に達す
3481	〃	248 Ⅸ 5	早朝に能登から奥州へ横断
3496	金環	254 Ⅹ 29	早朝に奥州を横断
3538	皆既	273 Ⅴ 4	夕方に本州中部を横断
3600	〃	301 Ⅳ 25	日没ごろ本州北部に達する
3603	〃	302 Ⅹ 8	早朝に九州南方海上を横断
3616	金環	308 Ⅺ 30	早朝に九州南方海上を斜断
3658	皆既	328 Ⅴ 26	早朝に近畿と中部を斜断
3785	〃	384 Ⅹ 31	午前に奥州を斜断
3944	〃	454 Ⅷ 10	午前に九州を横断
3979	金環	469 Ⅹ 21	午後に奥州を斜断
4003	〃	479 Ⅳ 8	日没ごろ本州中部を横断
4107	皆既	522 Ⅵ 10	午前に能登・奥州を横断
4235	金環	572 Ⅸ 23	午後に奥州を斜断
4238	皆既	574 Ⅲ 9	午前に近畿から奥州にかけて斜断

図 1-1
表１に示す日本本土と近傍を通る日食の中心食帯の経路
（実線は皆既食帯、波線は金環食帯の南北限界線）

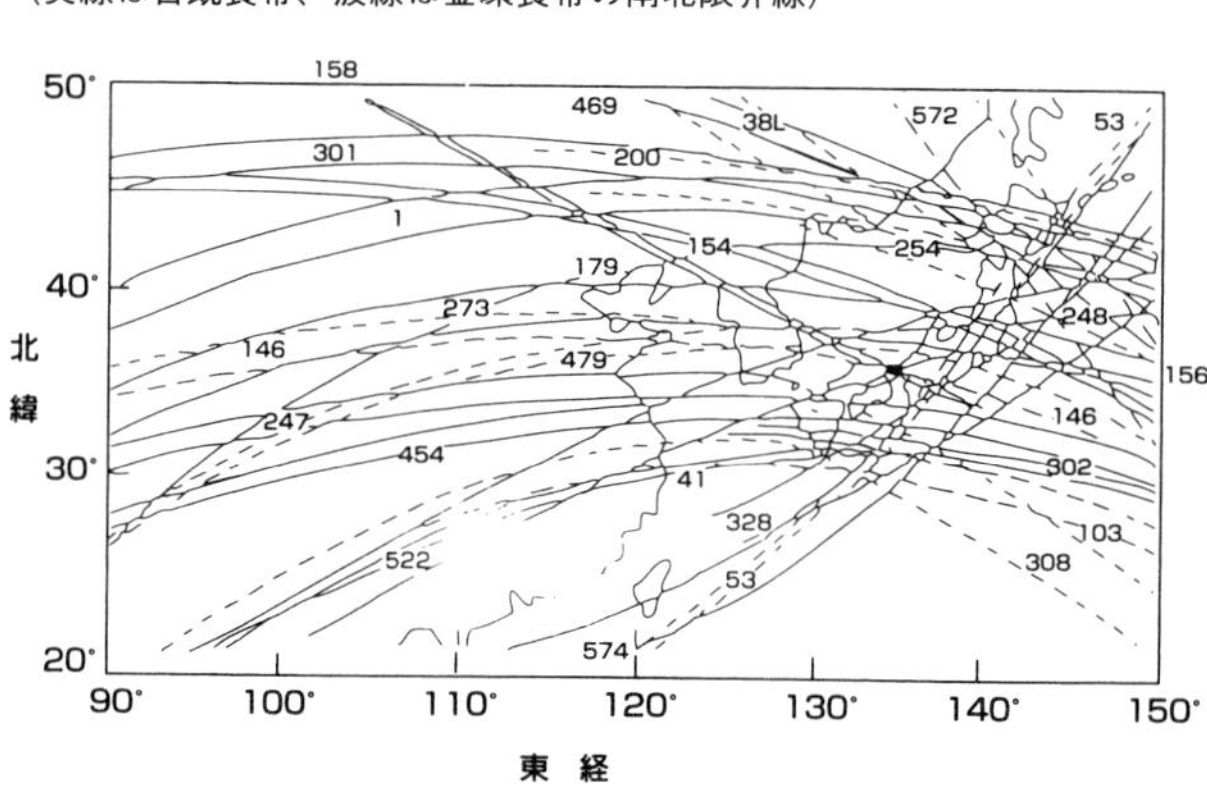

って古代史についての不当な拘束がとけると、考古学の常識からいっても、縄文時代の狩猟民が一回の皆既日食を見てこれにもとづいて神話をつくって語り継ぎ、八世紀の『記紀』成立の時代まで伝承したとするのは、いかにも無理があるということになった。

そんなわけで、岩戸日食の候補探しは再検討が必要になった。

そこで、陣容を立て直し、ＢＣ年代の日食はすべて放棄して、探索すべき日食をＡＤ年代に限るとしよう。その下限は推古天皇時代の始めごろ（ＡＤ六〇〇年）とする（推古三六年には歴史上たしかな日食記録が『日本書紀』に記載されている）。

ＡＤ一年からＡＤ六〇〇年までのあいだに、中心食が本州か九州か四国かにかかる日食を前述の日食マップから拾い出してみると、表１－１のようになる。この表の第一欄はオッポルツェルの日食番号、第二欄は食の種類である。皆既食・金環食・金環皆既食の別がある。そして第三欄は日食の起きた年月日を記している。ただし、東アジアで早朝に起きる日食はオッポルツェル表記載の世界時表示の日付より一日だけ多いから注意を要する。また第四欄には中心食の地上経路の概要を記している。

これを見ると、岩戸日食の候補は合計二五例あることがわかる。これをひとつの図にまとめて描くと図1－1のとおりだ。これらは本影食を示したもので、本州近傍ではこのほかにたくさんの部分食が見られたはずである。二本ずつの平行線は、北側の線が皆既または金環食の北限界線、南側の線が同じく南限界線である。実線は皆既食、破線は金環食をあらわしている。二線がはさむ算用数字はその日食の起きた西暦年を示している。

これら二五例の本影食帯のうちには、本影が本州か四国か九州に接触しているかどうかが決めにくい「近本影食」も含めてある。また、金環食は皆既食のように天地晦冥を呈するわけではないが、これも「近皆既食」の一種と見て、一応選に入れておいた。だから二五例といっても、そこにはいくぶん選者の恣意による選択がある。

「魏志倭人伝」をあたってみる

さて、この日食マップの調査からすれば、この二五例のなかに「岩戸日食」候補が含まれていると考えていい。しかしながら、これほど多くの候補が残ると結論しては話が白けてしまうことはたしかだ。昔の学者は、『記紀』によると、

(1) 岩戸の前でウズメノミコトが半裸の姿で踊ったとあるから、季節は厳冬とは思えない。したがって一二月・一月・二月の日食は除外してよいだろう、とか、また、

(2) 毎年六月は梅雨の季節で曇天が多くて日食は見えないだろうから六月の日食もはずしていいだろう、

などと真面目に論じて、日食候補の数を極力減らそうと努めたものだった。しかし、このような勝手な処理は今日ではとうてい受け入れることはできない。

では、どうしたらいいか。

この行き詰まりを打開するには別のルートを探るのがひとつの手法だ。そこで歴史の浅い日本から離れて大陸に目を向けてみよう。

そこには格好の史書として「魏志倭人伝」がある。「魏志倭人伝」は『三国志』巻三〇の巻末に載っている二〇〇〇字ばかりの記事である。

中国史にとってはほとんど顧みるに足らない史料だが、日本の古代を知るのには絶大な価値をもっている。『日本書紀』が編纂された当時すでに注目され、引用された史料である（そのことは後述）。そして後世、この日本に関連する記事はとくに「魏志倭人伝」の名で通用している。内容は、三世紀ごろの

日本の歴史・地理・民族・政体から倭魏間の修好の次第を述べている。

そこには邪馬台国女王・卑弥呼が登場する。景初二年（二三八）六月に卑弥呼は大夫・難升米を半島の帯方郡に遣わし、郡主の斡旋を得て魏都に詣で、魏・明帝に拝謁し男女生口や班布を貢献したとある。明帝はこれを嘉して卑弥呼に「親魏倭王」の金印を授け、答礼品として錦・白絹・銅鏡一〇〇枚・真珠・鉛丹などを下賜して帰国させたという。

この記事から九年経った正始八年（二四七）の条を見ると、卑弥呼は南に国境を接する狗奴（くな）国と対立を起こし、互いに攻撃し合っている。卑弥呼は使を帯方郡に遣わして救援を望んだが、帯方郡主からは激励を受けるにとどまった。そのあと突然に、

●　卑弥呼もって死す

という記事となる。「もって」とは「そういうわけで」という意味であろうから、卑弥呼は狗奴国との戦闘が原因で死んだと解釈することができる。しかし、古代史研究家の定説では、卑弥呼の死は正始八年（二四七）ではなく、翌年の正始九年（二四八）のころだという（岩波書店発行の歴史学研究会編『日本史年表』一九九四年版の一〇ページを見よ）。その根拠は不詳である。

以上、長々と「魏志倭人伝」を紹介してきたが、卑弥呼が死んだという二四七年または二四八年に、実際に皆既日食がわが国土を襲っていたことは表1－1に見るとおりだ。

明治以来、白鳥庫吉・和辻哲郎らは神話のアマテラスと史実の卑弥呼とを同一人物とする説を発表し

ているが、いまここに、卑弥呼の死亡した年に日食が起きたと判明するに及んで、その話はにわかに科学的発展をする。

問題の日食の詳細なマップをつくる

二四七年と二四八年の日食の詳細を調べてみよう。つまり、図1－1のなかから問題の二つの日食を特選する。

最近は古天文計算に関してもコンピュータ・ソフトがさかんに開発されて、日食の年月日と地球上の地域をインプットすると、本影食帯とその経路だけでなく部分食の限界線までも画面に描くようなソフトが発売されている。図1－2、3はアメリカ・ペンシルベニアに本社のあるZephyr Servicesという会社から発売されているソフトTotal Eclipseを使って描いた二四七年日食と二四八年日食の地上経路図である。これは図1－1よりもかなり詳細だ。この描画は筆者の知己の横塚啓之氏（横浜市）の好意でつくってもらった。

図1－2は二四七年日食の経路図で、食は日入帯食であり、九州西方海上で皆既食甚が終わったようになっている。皆既帯の南北には広い範囲に部分食が見られ、部分食の南限界線と北限界線が示されている。同じく日入時食甚線の東には日入時食始め線が示され、西には日入時復円線が示されている。ちなみに、このような線はいままでのコンピュータ・ソフトによる日食マップ集には描かれていない。

図 1-2
A.D.247 Ⅲ 24 の日入帯食 (Zephyr Services のソフトによる)

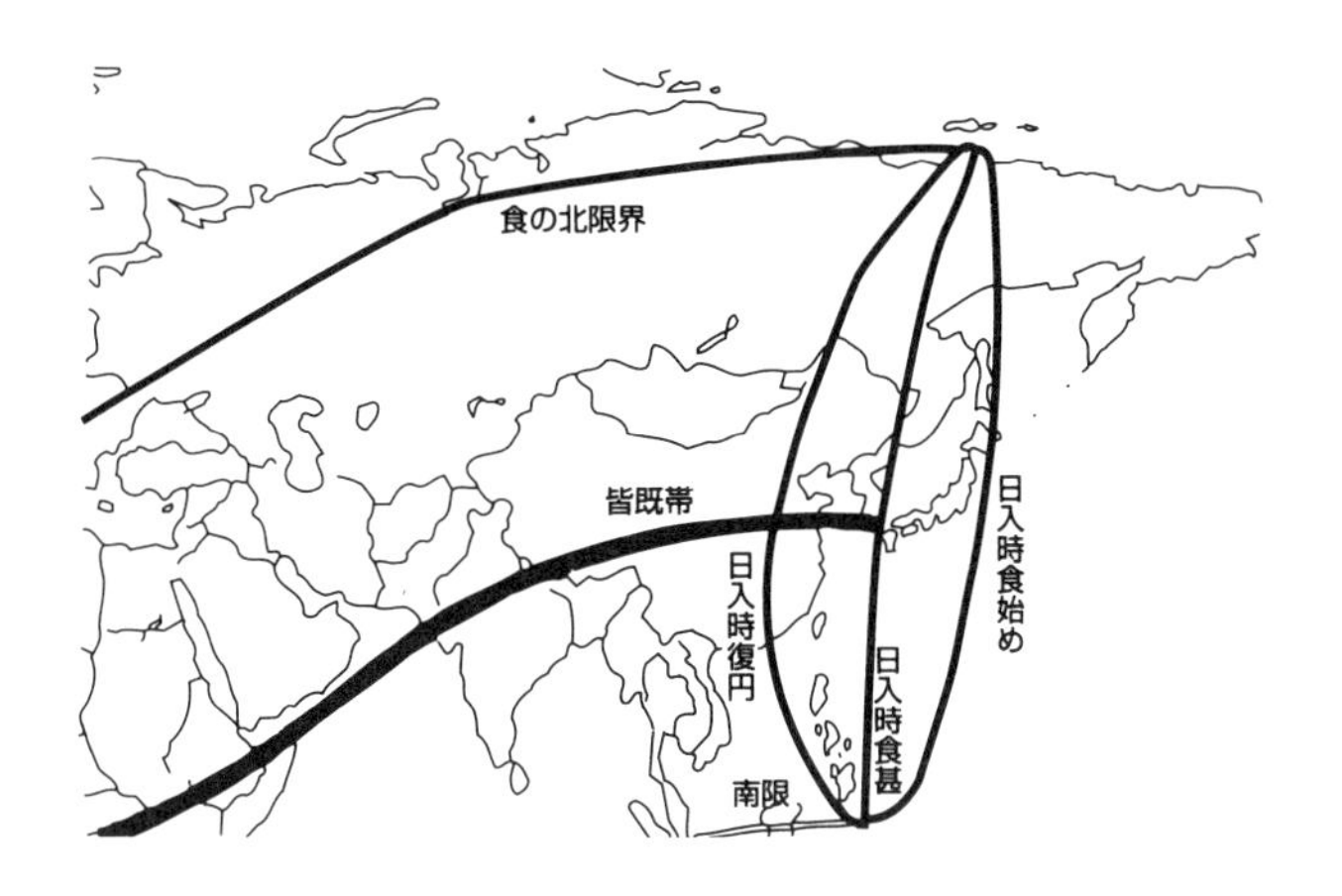

図 1-3
A.D.248 Ⅸ 5 の日出帯食 (Zephyr Services のソフトによる)

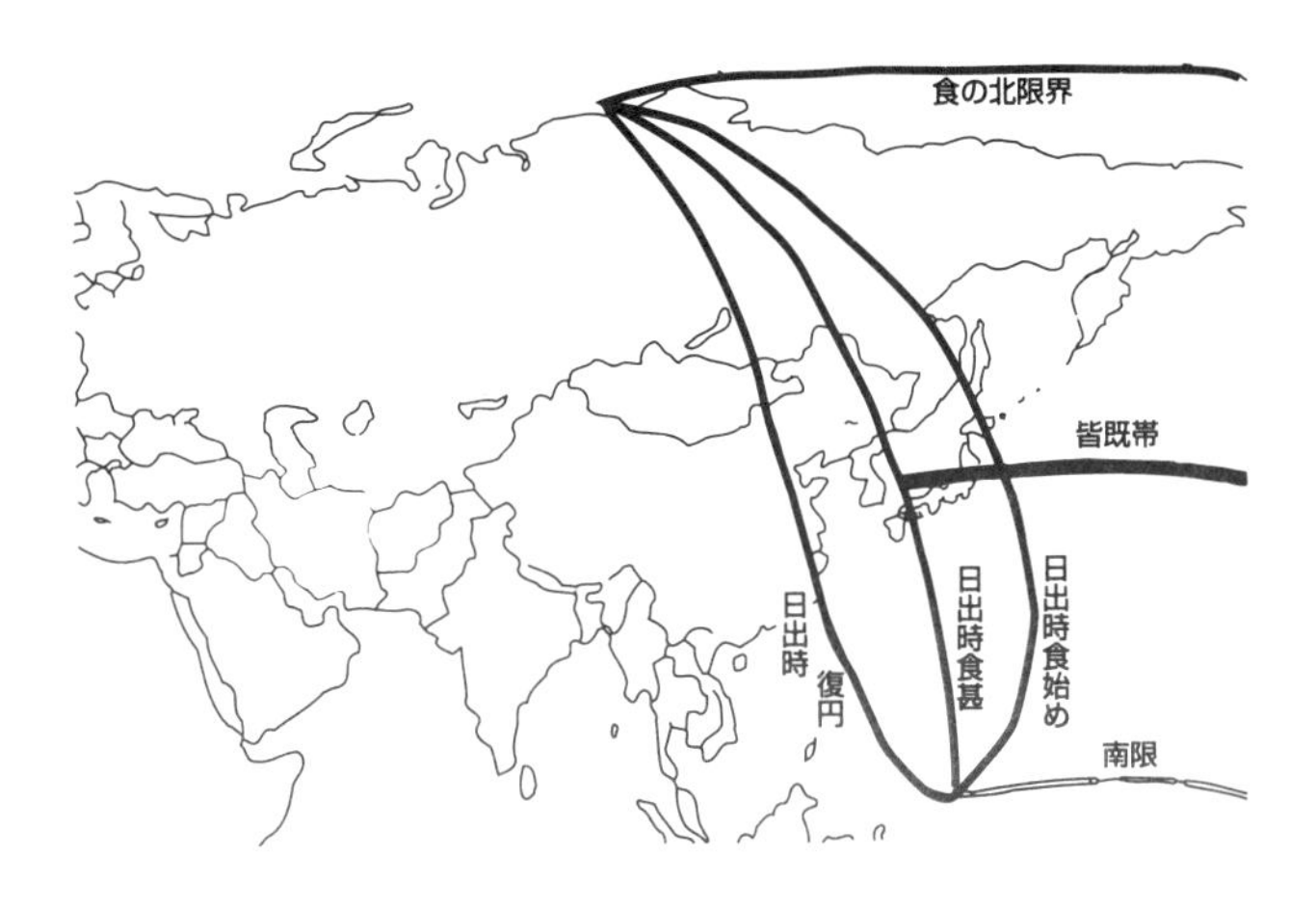

図1－3は二四八年日食の経路図で、食は日出帯食であり、朝鮮半島東側から食甚日食が始まっている。本影が能登半島と奥州とを横断していることは図1－1と同じだ。さらに日出時復円線と日出時食始め線が描き添えてある。

ところで、この日食の観測地を邪馬台国内と限定するとしても、その邪馬台国自体の所在がまだ定説を得られていないので、とりあえず次の二つの地点に特定して論を進めよう。

a、九州福岡市（東経一三〇・四度、北緯三三・六度）

b、奈良飛鳥京（東経一三五・八度、北緯三四・五度）

さて、この二地点で見た日食の局地状況を古天文学で計算してみよう。計算方式は小著『古天文学―パソコンによる計算と演習』（恒星社厚生閣、一九八九）による。

二四七年と二四八年の日食の状況

二四七年三月二四日の皆既日食は、オッポルツェル日食番号三四七八番にあたる。中心線は早朝にアフリカ西方の大西洋上に発し、アフリカを横断し午後にはインドおよび中国を横断して黄海に抜け、夕方に九州西方海上に近づき日入りとともに終わる。

筆者の計算結果は左のとおりである。

a、福岡市でこの日食を見た場合は、

欠け始め	食甚（食分）	復円
一七時一四分	一八時一三分（一・〇三）	日入り後で見えず

時刻は福岡市平均太陽時表示。福岡市では日入時に皆既食が見え、そのまま日入となる日入帯食であることがわかる。

b、この日食を奈良飛鳥京で見た場合は、

欠け始め	日入り（食分）	食甚と復円
一七時三七分	一八時一三分（〇・六三）	日入り後で見えず

時刻は飛鳥京平均太陽時表示。日入り後の一八時三三分には食分〇・九八の食甚となるが、飛鳥京では日入り後なので見られない。

どちらの土地で見てもかなりの食分の日食が見られるが、図1－4には福岡市で見た日食の局地状況を図示した。この日食は皆既のまま日入りとなったのだから、見ていてもさぞ壮絶であっただろうと想像される。図1－2と図1－4とを比較すると、わずかの相違が認められる。

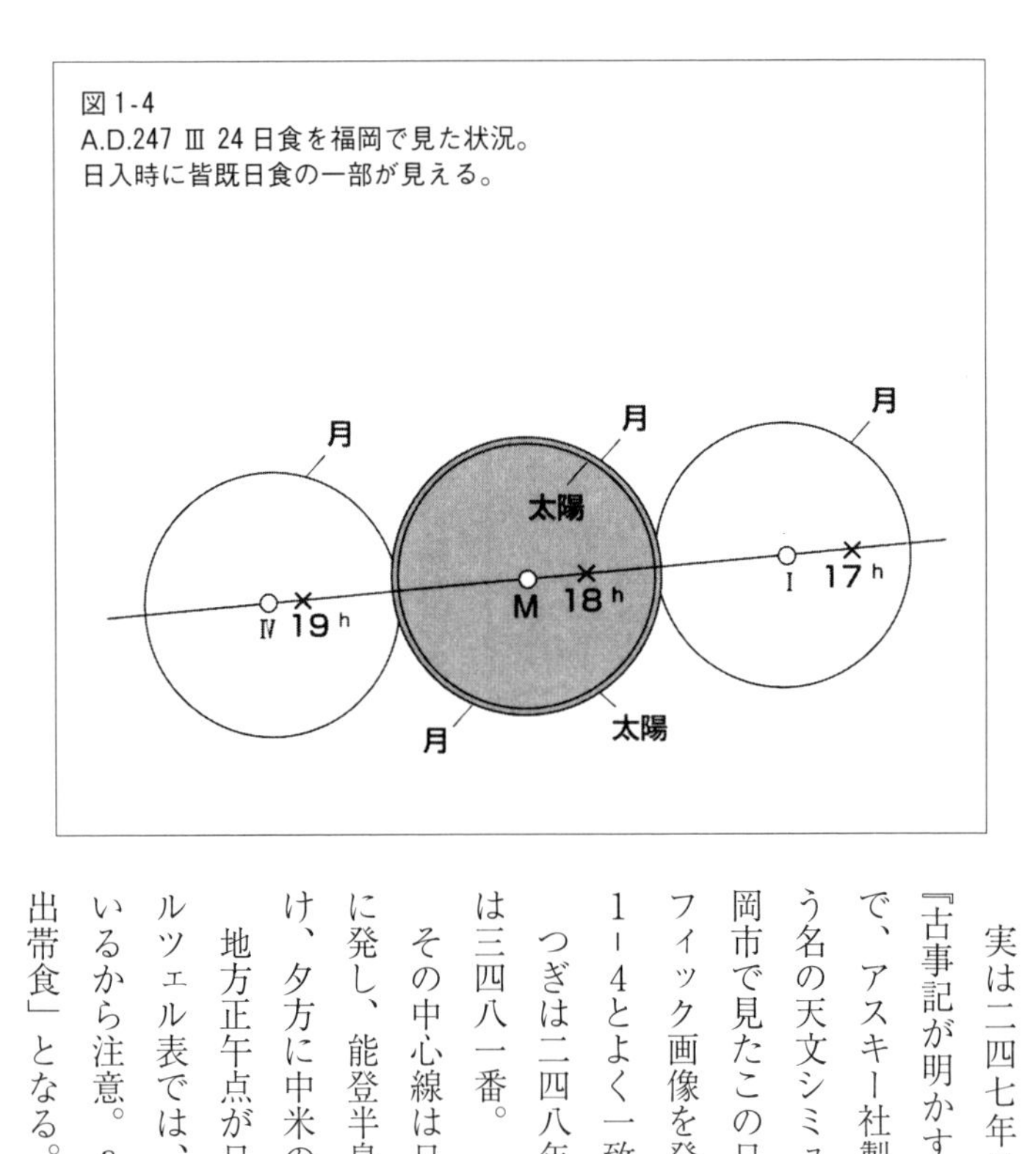

図1-4
A.D.247 Ⅲ 24 日食を福岡で見た状況。
日入時に皆既日食の一部が見える。

実は二四七年日食については、加藤真司氏の本『古事記が明かす邪馬台国の謎』（一九九四）のなかで、アスキー社製の「ステラ・ナビゲーター」という名の天文シミュレーション・ソフトを使って、福岡市で見たこの日食を調べて日入時の皆既食のグラフィック画像を発表している。その結果は筆者の図1－4とよく一致する。

つぎは二四八年九月五日の皆既日食で、日食番号は三四八一番。

その中心線は日出時に朝鮮半島東側の海上あたりに発し、能登半島・奥羽地方を横断して太平洋に抜け、夕方に中米の西方洋上で日入とともに終わる。

地方正午点が日付変更線の東にあるので、オッポルツェル表では、この日食の日付を九月四日としているから注意。a、b、二地点で見て、ともに「日出帯食」となる。

この日食の局地状況はつぎのとおり。

a、福岡市で見た場合には、

日出（食分）	食甚（食分）	復円
五時三五分（〇・八五）	五時四二分（〇・九三）	六時四五分

時刻は福岡市平均太陽時表示。欠け始めは四時四七分だが、日出前のために見えない。

b、一方、飛鳥京で見た場合には、

日出（食分）	食甚（食分）	復円
五時三四分（〇・四四）	六時〇四分（〇・九五）	七時一〇分

時刻は飛鳥京平均太陽時表示。図1－5はこの日食を飛鳥京で見た局地状況を描いたものである。

この日食は、a、bどちらで見ても大きな相違は見られないが、いずれも深食である。

以上の検証によると、AD二四七年の日食は福岡市で見ると日入り時に皆既食となっているから、古天文学的には一応これを岩戸日食として推薦したいことになる。しかし、かならずしもそうと速断はで

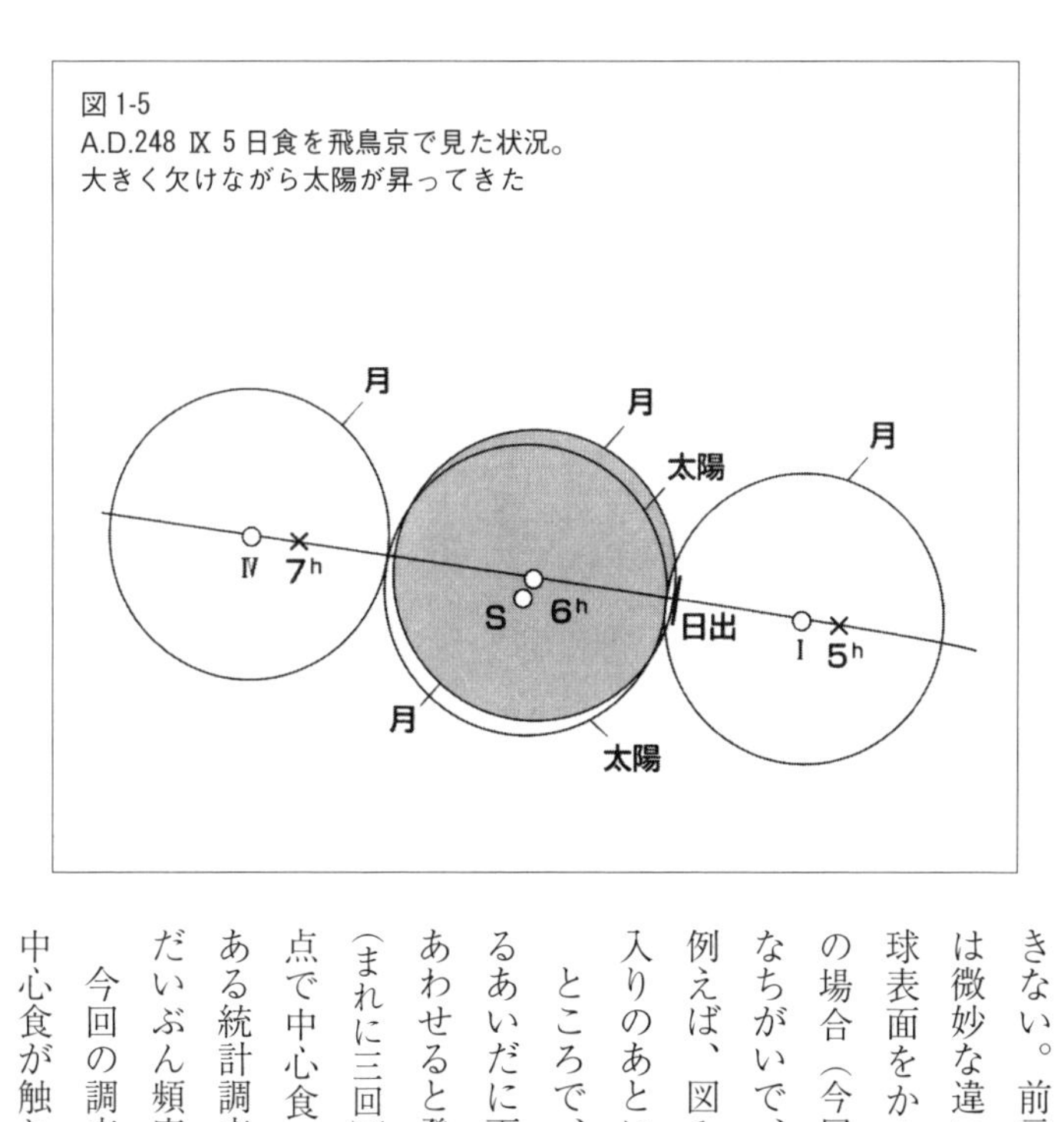

図1-5
A.D.248 Ⅸ 5日食を飛鳥京で見た状況。
大きく欠けながら太陽が昇ってきた

きない。前言したごとく、計算者によって食の状況は微妙な違いを出すものである。ことに食本影が地球表面をかすめるような「日出帯食」・「日入帯食」の場合（今回がそれである）には、地球自転の微妙なちがいで、状況がかなり影響をうけるわけである。例えば、図1－2では北九州で皆既食となるのは日入りのあとになっている。

ところで、日食は、太陽と月とが天球上を周回するあいだに両者の軌道が交差する付近に両天体が来あわせると発生する。だから、日食は一年間に二回（まれに三回）の割合で起こる。しかし、地球上の一点で中心食（皆既または金環食）が見られる頻度はある統計調査によれば三四〇年に一回の割合となり、だいぶん頻度は減る。

今回の調査のように本州・四国・九州のどこかに中心食が触れる頻度となると、表1－1からは六〇

○年間に二五回、つまり二四年間に一回の割合となる。もっともつねに二四年間隔に起きるとは限らない。それは前述のとおり、二四七年・二四八年と連年おこる場合さえある。しかし、この両年が卑弥呼の死亡年と合致していることは偶然にしてはうますぎる。ここで日食論議はいったん打ち切って、ふたたび古代史論議にもどることにしよう。

アマテラス＝卑弥呼の説

先学（古くは新井白石）がすでに説いているように、邪馬台国とは大和の国であり（あるいは山門（やまと）の国とも）、卑弥呼が日御子（ひみこ）のことであることはたしかだろう。アマテラスは原典にも「天照大神」とあるのだから、それはまさに太陽神であり、また女神であることにも異議はないだろう。そして、アマテラスが岩屋にこもったのは死んで墳墓に葬られた意味ととらえられる。

「魏志倭人伝」によれば、

●（卑弥呼もって死す）。大いに冢（つか）をつくり、径百余歩。殉葬する者奴碑百余人

とある。この文で「一歩」とある寸法を六尺（一・八メートル）と仮定すれば、卑弥呼の墳墓は直径約二〇〇メートルとなり、近畿地方に多い「前方後円墳」の大きさに見合う。かくて、アマテラスの死と卑弥呼の死とは、日食の発生によって緊密につながったわけである。

この「アマテラス・卑弥呼・日食」説は、筆者が『古天文学の道』（原書房、一九九〇）のなかで発表し

たものである。これを古代史作家の井沢元彦氏が注目して世に紹介してくださった。同氏著『卑弥呼伝説』(実業之日本社、一九九一)の一九一ページ、また『逆説の日本史』(小学館、一九九三)の二一二ページには筆者の名と文章が引用されてある。

ところで、井沢氏はさらに論を進めて「卑弥呼殺害説」を唱えた。それによるとシャーマンであった卑弥呼は、突然に邪馬台国を襲った天地晦冥の異変に会って、彼女の呪術者としての魔力が効かなくなったものと部族民に判断されて、殺害されてしまったというのである。しかし、卑弥呼は死んで径百余歩の家に葬られ、百余人の奴婢が殉葬したほどの大がかりの葬儀がおこなわれたのである。故障した電化製品のように使いすてられたとは思えない。やはり、卑弥呼は隣の狗奴国との争いが原因で名誉ある死をとげ、全部族の哀惜をうけて葬られたものと信じたい。

二代目女王・壹与

岩戸神話によると、アマテラスは岩屋に隠(こも)ったあと、しばらくしてふたたび姿を現わしている。墳墓に葬られた死人が蘇生したとするのは解釈が苦しいが、幸いなことに「倭人伝」はこの点について助けを示してくれる。

すなわち卑弥呼の死後、邪馬台国では男王を立ててみたが、国中が服せず、さらに相誅殺して当時千余人を殺したと述べ、その後、

● 卑弥呼の宗女・壹与を立てて年十三歳なるを王となす。国中ついに定まる

とある。この史実を神話に直してみると、アマテラスが岩屋にこもったのち、岩戸を開けてふたたび現われた女人は、卑弥呼の宗女・壹与（一三歳）の輝くばかりの姿であったとすべきだろう。アマテラスが蘇生したわけではなかったのである。

さて、このように、アマテラスと卑弥呼と日食を結びつけて、邪馬台国論争に何らかの結論を出そうと試みてみたが、二四七年に福岡市で見えた日入り時の皆既日食を岩戸日食と断定すれば、議論は明快に片づく。そして、卑弥呼の死亡年は二四七年となり、邪馬台国も北九州というのが有力となる。しかし、このような重大なことを日食だけで裁断を下すのは躊躇せざるを得ない。歴史学上および考古学上の意見も大切であり、いやむしろそのほうをより重要な証拠とすべきだろう。この問題についての最終的な解答は、将来古墳の発掘が自由になって、そのどこかで魏の明帝が授けたという「親魏倭王」の金印が出土したら、それこそ卑弥呼の家であることにまちがいない。また下賜品のなかには「銅鏡百枚」があったが、そのうち二枚が近畿地方で発掘されたといわれている。一〇〇枚の銅鏡はあちこちに分けられたのかもしれないが、もしどこかの古墳から多量に景初鏡が出上したら、そこが卑弥呼の墳墓である可能性も大きいだろう。

運命の神さまは邪馬台国の秘密をまだまだ明かしてはくれないようである。

「邪馬壹国」か「邪馬台国」か

「魏志倭人伝」の原典である『三国志』巻三〇の「倭人」の条を検討して、いくつかのコメントを追記しておこう。

一、原典には卑弥呼が難升米を魏国へ遣わした年は「景初二年」と書いてあり、このときお返しにもらってきた土産品の数々のなかに「銅鏡百枚」が含まれていたとはすでに述べた。一方、大阪府和泉市の黄金塚古墳と島根県大原郡の神原古墳からは「景初三年」と紀年銘のある三角縁神獣鏡が出土しているという。日本の古代史学者たちはこれらを「銅鏡百枚」のうちの現存品とみなし、原典に「景初二年」とあるのは「景初三年」の誤記であろうとしている（前出の『日本史年表』なども）。また、六世紀の歴史を述べる『梁書』の列伝四八「諸夷」中の倭人の条にも「景初三年」とあることが後者の証拠とされている。もっともこれは筆者の日食説とは関係がないが。

二、原典には邪馬台国が「邪馬壹国」と書かれている。だから「邪馬台国はなかった」と主張する学者がいる（古田武彦氏）。しかし一般には「壹」とは「臺（略して台）」の誤記だとされて、一般には「邪馬台国」が定着している。邪馬台とすれば「ヤマト」と読める点が大方の賛成を得ているためだろう。たしかに誤記と認められる点はほかにもある。たとえば前述した「殉葬者奴婢百余人」は原典では「狗葬者……」となっているなどは抗弁のできない誤記にちがいない。しかし「邪馬壹国」か「邪馬台国」

かは、まだ多少議論する余地がありそうだ。
三、同じく二代目女王・壹与についても「臺与」の誤記ではないかと唱える学者もいる。前出の『梁書』の倭の部にはたしかに「臺与」となっているからである。いまこれを「トヨ」と読めば伊勢の豊受大神宮が連想されて、ヒミコとトヨは伊勢の内宮・外宮の両祭主となるわけだ。もっともこのような読み換えをしていては決着のつかない水掛け論になりかねない。
四、『日本書紀』が養老四年（七二〇）に編纂されたことは周知の通りである。そしてそこには卑弥呼の行跡が「魏志に曰わく……」として引用されている。ここで魏志とは『三国史』の倭人の条のことである。もっとも『書紀』には邪馬台国や卑弥呼の名は記されずに「倭の女王」となっている。このことは神功皇后摂政の三九年、四〇年、四三年条の三か所に載っている。『書紀』の編纂者の心算では、倭の女王＝卑弥呼＝神功皇后と等号で結びつけたいらしい。『書紀』によれば、神功皇后は第一四代仲哀天皇の妃で、第一五代応神天皇の母である。女性の身をもって朝鮮半島に攻め入り、新羅に勝って凱旋した。しかし神功皇后については書紀編纂の当時すでに神話的人物になっていて、彼女の生存年代が確定できなかった。そこで当時大陸から舶来した『三国志』を援用して、神功皇后を日本古代の女王卑弥呼と重ね合わせて、卑弥呼の生存年をはめこんだといわれる。この等式は無理な話であり、学問的には現在認められていない。
五、アマテラス＝卑弥呼説のほうは、白鳥庫吉と和辻哲郎（ともに東大教授）がまず示唆し、後続の多くの学者によって定着している。そのほかにも、卑弥呼＝倭姫（やまとひめ）説（倭姫は第一二代景行天皇のころの女性）や、卑弥呼＝倭迹迹日百襲姫（やまとととひももそひめ）説（これは第一〇代崇神天皇のころの女性）などがある。

この章を終わるにあたり、古代史研究においては、原典の誤記についての解釈が、真相究明のためのひとつの関門であると知ったことをつけ加えておこう。

［参考文献］

渡辺敏夫『日本・朝鮮・中国―日食月食宝典』雄山閣、一九七九

斉藤国治『古天文学―パソコンによる計算と演習』恒星社厚生閣、一九八九

「天の岩戸はＡＤ二四八年の皆既日食か」『星の手帖』巻一八、一九八二秋

『古天文学の道』原書房、一九九〇

「古代の日食を巡って」『季刊・邪馬台国』第五七号、一九九五秋

安本美典「邪馬台国と記紀」『古事記・日本書紀総覧』新人物往来社、一九九〇

陳寿『三国志』中華書局本（北京）、一九七五

『日本書紀』「日本古典文学大系」岩波書店、一九七四

井沢元彦『卑弥呼伝説』実業之日本社、一九九一

『逆説の日本史　封印された倭の謎』小学館、一九九三

古代史斯道会編『古代史推理ガイド』学研、歴史群像ライブラリー、一九九五

佐藤利男『星慕群像　近代日本天文学史の周辺』星の手帖社、一九九三

荻生徂徠『南留別志』吉川弘文館「日本随筆大成」、第二期、第一五巻、新装一九九五

加藤真司『古事記が明かす邪馬台国の謎』学研　歴史群像新書一九九四

Theodor Ritter von Oppolzer, "Canon der Finsternisse" 1887, Wien

F.R.Stephenson and M.A.Houlden, "Altas of historical eclipse maps, East Asia, 1500B.C. to A.D.1900", Cambridge Univ. Press, 1986

第二章　織田信長と天文異変

ＡＤ一五八二年に起きたさまざまな事件

ＡＤ一五八二年に歴史上どんな事件が発生したかとたずねれば、天文に多少の興味と関心をもつ人なら、「それはユリウス暦がグレゴリオ暦に改まった年」といっせいに答えるだろう。これは正解である。では、質問の様式を変えて、一五八二年と同年の天正一〇年に日本でどんな事件が起きていたかとたずねたらどうだろう。

実はこの年、国内・国外で天文に関してさまざまな興味深い事件が起きていた。すなわち、

一、グレゴリオ暦への改暦、のほかに、

二、この年の正月には遣欧少年使節が日本からローマへ向けて出発している。また、

三、陰暦六月二日の暁方には、本能寺の変がおきて、織田信長が憤死している。そのうえ、

四、その前日六月一日（朔日）の午後には、京都で食分〇・六の日食が見えたはずである。

そのほかにも年初から天変がしきりに起きている。すなわち、

五、二月には赤気（オーロラ）、
六、三月には光り物（流星）、
七、四月には大彗星が現われて、人びとを驚かせた。そして六月には前記四の日食があった。
また、
八、年初から信長は朝廷に対して強硬に改暦の実行を迫っていた。もっともこのことは彼の急死によって中止となったのだが。そして最後には、
九、当時日本に滞在していた宣教師ルイス・フロイス（一五三二～一五九七）たちの属する日本耶蘇会の日記や書簡に記された日付が、グレゴリオ改暦に伴っていつから書き改められているか、という年代学上の問題がある。
一五八二年、すなわち天正一〇年は古天文学のうえでもさまざまに調査する価値のある一年なのである。

本能寺の変と日食

本能寺の変は天正一〇年六月二日（AD一五八二年六月二一日、ユリウス暦）の暁方に起きた。周知のごとく、明智光秀が織田信長を奇襲して本能寺でこれを滅ぼした事件である。

実はこの事件のわずか半日前の六月一日（ユリウス暦で六月二〇日）の午後三時ごろに、太陽の半分以上が欠ける日食が起こっている。オッポルツェルの日食番号六六二〇番という皆既日食で、皆既食中心

線はその日の午後に沖縄列島あたりを横断し、本州の南方洋上を通過したが、京都でも大きく欠けた部分食が見えたはずだ。テレビドラマ作家などは、よく歴史上の大事件と日食とを結びつけて話を盛り上がらせたりするが、この日食があったことには彼らのだれも気がついてないようだ。歴史学者もこの日食をとり上げていない。

古天文学計算によれば、当日、京都で見えたこの日の食の状況はつぎのとおり。

一五八二Ⅵ二〇	欠け始め	食甚（食分）	復円
京都真時	一四時一七分	一五時二九分（〇・五八）	一六時三三分

図2－1はこの食の経過を描いたものである。当時頒布されていた「天正十年具注暦」（内閣文庫蔵）には、この日食に関して、

● 六月一日丁亥、日蝕

と標記して、食の模様をつぎのように暦算している。

● 虧初　午七刻六分半　（欠け始め　一二時四二分）
加持　未五刻七二分　（食甚　一四時二四分）
復末　申四刻五五分半　（復円　一六時〇七分）

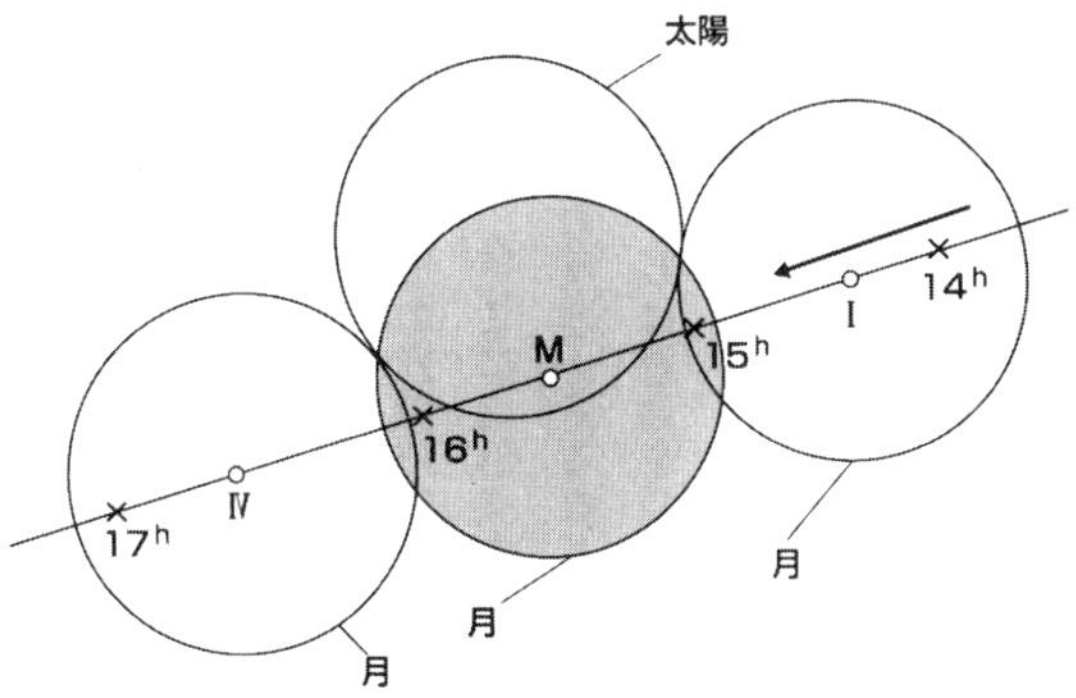

図2-1
天正10年6月1日（1582 Ⅳ 20）の日食（京都平均時）
Ⅰは初虧、Mは食甚、Ⅵは復円。

大分　一五分の一二分半（食分　〇・八三）

カッコ内の数字は筆者が宣明暦の時刻を現用時（ただし京都真時）に換算した数値である。つまり、当時の暦書にはこの日食は予報されていたのだ。

『日本天文史料』（一九三五）には当時の暦の史料として、

● 天正十年夏六月丁亥朔、日食（続本朝通鑑巻二六二）

と記してある。また、江戸時代の編纂になる『続史愚抄』巻五〇もこの記事を引用している。したがって、当時の公卿たち一般はこの日に日食があることは承知していたはずだ。ただ、その時期が梅雨の真最中であったために、実際にこの日食を見たという史料は見当たらない。それらのなかにあって『言継卿記』（ときつぐ）には、

● 六月大一日丁亥、晴陰、雨、天霄れ。二日戊

子、晴陰。

という天候の記事がある。歴史作家の津本陽氏は小説『下天は夢か』（一九八九）にこの文章を援用して、「六月一日は宵のうちは細雨、深夜になって雨はあがった」と解釈している。惜しいことに津本氏もこの日に日食があったことに言及していない。

なお、当時の史料を総合すると、信長は五月二九日（五月晦）に馬廻り衆・小姓衆・女中ら七〇余人の小人数をつれて入京し、四条西洞院の本能寺に止宿。翌六月一日朔には近衛前久・九条兼孝・一条内基・二条明美をはじめとする四〇人の廷臣の慶賀を受け、中国地方出陣の門出を祝っての大茶会が催され、深夜まで囲碁会などもあり、そこには信長も出席していたとある。

彼は翌暁に明智光秀の反逆があるなど夢想もしていない気配である。もし当日日食があるとわかっていれば、当時の人なら少しは懸念をしたはずだが、信長は開明な人物であったから、たとえ天変があると知っても少しも動じなかったのかもしれない。ここでは彼の進歩性がマイナスに働いたわけである。信長が天文異変を積極的に無視して行動していたことについては、後出の史料によっていっそうあざやかに証明される。

赤気（オーロラ）の発生と大彗星の出現

ところで、この年は年初から天変がしきりに起きている。すなわち、

●〔赤気〕天正十年二月十四日（一五八二年三月八日）、天晴れ……雪少し下る。今夜天赤く、雲ことごとしき事なり（晴豊記　巻三）

●二月十四日夜、北方より赤雲天下を掩ひ、その色光明、朱の如し（立入文書）

などとある。これらはオーロラの出現の記録である。さらにルイス・フロイスの『日本史』の第一六章の記述にはさらに詳しく、

●その夜（三月八日）の一〇時ごろに東方の空が非常に明るくなり、安土城天守の上は、恐ろしいばかりに赤く染まり、朝までそれはつづいた。この天象はかなり低い天に見えたので、安土から二〇レグア（約一二〇キロ）ほど離れたところでは見えないであろうと思われた。しかし後になって、豊後の国（大分県）でも同様の徴（しるし）が見えたことがわかった。

わたしたちは、信長がこの恐ろしい徴を何ら気にもかけずに、出陣するのを見て驚いたが、かの地の軍勢は順調な成果をあげることができた。すなわち、彼は甲斐の国の領守父子を討伐し、その三ないし四のすこぶる大いなる領地を奪取した。

と記している。事実、信長はこの年の二月九日に織田・徳川軍を合わせて甲州の武田征伐に出撃し、三月には武田を滅ぼしている。

信長の心はオーロラごとき天変に何ら動揺されないのだった。

赤気の出現を無視して出陣した信長は、武田を討伐して無事に四月二一日（五月一三日）に安土に凱

旋した。安土には京都・堺など五畿内の大小名や有徳人が待ち受けていて彼の戦勝を祝った。ところが何たることか、ちょうどその夜に北西の空に長大な尾を引く大彗星が現われたというから、偶然にしてはあまりにも奇怪だ。

すなわち、

●四月二十一日ごろ、いぬい（北西の天）にあたり、白雲虹のごとく、地より直に立ち、末は長太刀なりにゆがみ、宵の間に立つ。四ツ（二二時ごろ）前より消え申し候。この雲何に相喩うべきや不審……隆佐（立入文書）

○四月二十三日、こんぱん乾の方にあたり彗星出でおわる。光の本は戌亥（北西）、末は辰巳（南東）、長さ十丈（一〇〇度以上）もこれあるべしと見ゆ。近年の長き光なり。物の怪うんぬん。信長生害の先瑞なり（多聞院日記）

文中で「信長生害の先瑞なり」とある部分は本文よりも小文字で添え書きされているから、おそらく本能寺の変があってのちに加筆されたものにちがいない。

さらにルイス・フロイスもこの大彗星に言及していて、

●月曜日（五月一四日）の夜の九時に、ひとつの彗星が空に現われたが、はなはだ長い尾をひき、数日にわたって運行したので、人びとに深刻な恐怖をあたえた（以下少し中略するが、その部分はまた後で掲載する）

図2-2
天正10年4月21日（1582 V 13）夕方の西空に現れたチコ・ブラへ彗星C、太陽S、近日点⊙。
網部分は当日19^hにおける地平線。

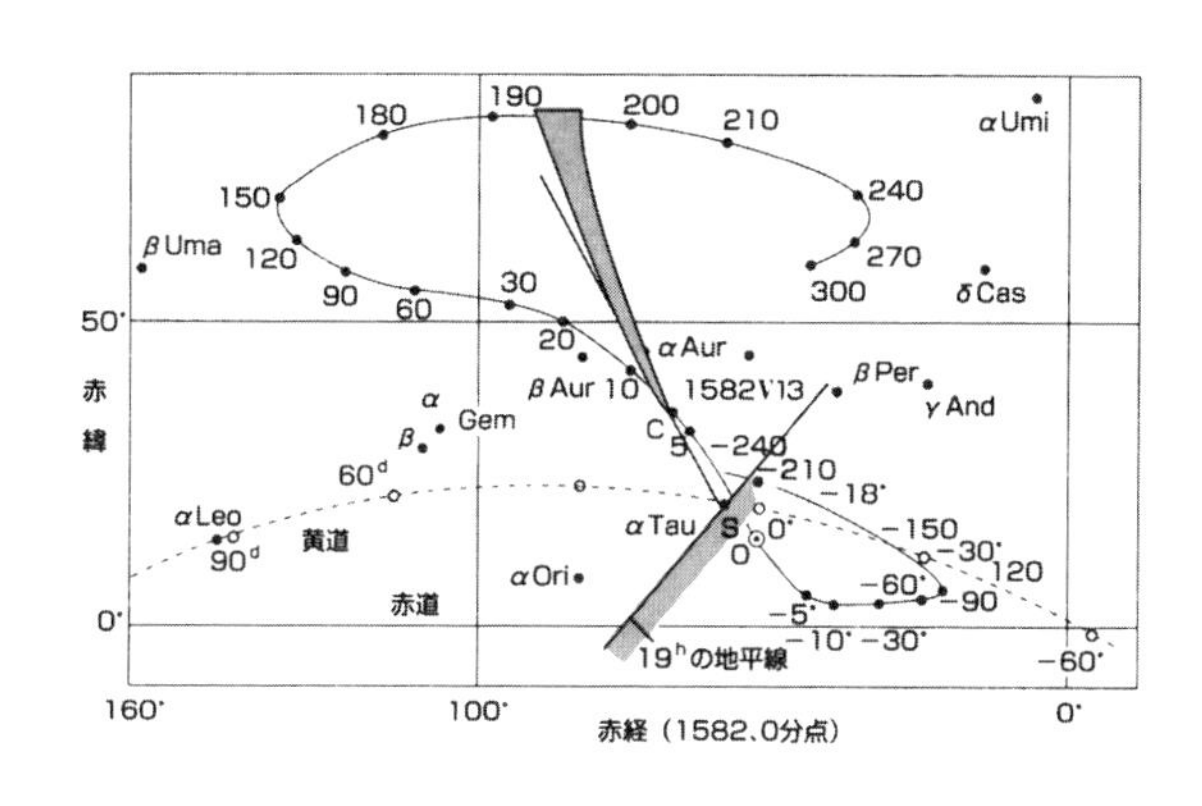

ところでこれらの徴候を深く考えれば、驚くべき将来の出来事（本能寺の変を指すのであろう）の前兆として恐れずにはおれないはずであった。しかし日本人（とくに信長を指すのか）の間では、こうした吉凶の占いはあまりおこなわれず、それが本来何を意味するのかを気づくことも考えることもしないようである。

と頭をかしげている。ここではカトリックの宣教師のほうが日本人（信長）よりも迷信にとらわれていたようである。

この大彗星はヨーロッパでは、チコ・ブラーエ（一五四六〜一六〇一）が精密な観測を残している。その観測結果を分析して彗星の軌道要素が求められており、それはつぎのとおりだ。この数値は広瀬秀雄ら『彗星を追う』（一九七二）の二二三ページの表から引用させていただいた。

近日点通過日	T	一五八二年五月六・九日（E.T.）
近日点引数	ω	三三一・九〇度
昇交点黄経	Ω	二三二・三四度（一九五〇分点）
軌道傾斜角	i	一一八・五四度
近日点距離	q	〇・一六八七A.U.
離心率	e	一・〇（つまり放物線軌道）

この軌道要素を使って、この彗星の天球上運行の模様を計算して描いたのが図2－2である。ただし一五八二・〇年分点座標で示してある。図中で⊙印はこの彗星の近日点通過日時（一五八二年五月七日六時、京都真時）における位置。

この日二四〇日前から三〇〇日後まで彗星の天球上の軌跡を曲線で描いてある（図では赤経・赤緯による直交座標で描いてあるので、赤経線（タテ線）が北に向って互いに平行に伸びているが、実際はすべての赤経線は赤緯九〇度の北極点に集中する。つまり、この図はいささかデフォルメして描いてある）。

図で太陽の軌跡（つまり黄道）は鎖線で示してあり、この線上で近日点通過日（〇日）の前後三〇日ごとに白丸印〇で太陽の位置を示してある。とくに天正一〇年四月二一日（一五八二年五月一三日）の夕方（一九時）における彗星核の位置をCで示し、太陽の位置をSで示してある。

この日の日入りは一九時〇一分（京都平均時）であるから、このとき太陽は地平線（図で斜線をつけた線）上に重なっている。このときに彗星はぎょしゃ座（Aur）の南にあった。記録によると、「尾は地より直に立つ」とあるが、図はまさにそのとおりだ。このときの彗星の近くにあった明るい恒星のいくつかを参考のために描きこんである。

ちなみに、中国では日本よりも一週間遅れてこの彗星の記録が現われている。すなわち、

● 明神宗・万暦十年四月丙辰（一五八二年五月二〇日）夜、彗星見西北、尾指五車。歴二十余日、始滅（明神宗実録）

○ 彗星見西北。形如匹練。歴二十余日滅（明史天文志　三）

この文中の「五車」とはぎょしゃ座と同所である。

朝鮮では、この年は李朝の宣祖一五年にあたるが、『増補文献備考』巻六の「象緯考」には彗星の記録は見当たらない。

光り物（流星）が降ってきた

大彗星が遠去かると、つぎは流星が降ってきた。流星は当時「光り物」とも呼ばれた。

● 四月二十七日（五月一九日）酉刻（一八時）、天変これあり（公卿補任）

○ 四月二十七日乙卯、日初めて入るに流星あり（続史愚抄巻五〇）

この記述は簡単すぎて意味もあいまいだが、前述のフロイスの彗星記事のなかで「中略」とした部分を以下に再録してみよう。

それは流星というよりは「火球」というべきものだったらしい。つぎのとおりである。

● ……その数日後（五月一九日ごろ）の正午に、われら修道院の七、八人の者は、彗星とも花火とも見える光り物が空から安土城に落下するのを見て大いに驚愕した。

これらの記事は同一の現象の記録と思われるが、観測の時刻が両者で「日入時」と「正午」と異なっているので断定はできない。あるいはひとつの流星群がバラバラと降りかかったのかもしれない。

これより以前に、日付はちがうが、左のような怪しい光り物の記録もある。

● 三月九日（四月一日）、昨夜大あられ、後夜の過に下る。当山に光り物飛び去る、うんぬん。いかにも心細きものなり。十二日（四月四日）、昨夜大雨下り、風吹く。先般方々光り物飛ぶ。心ぼそし、心ぼそし。（多聞院日記　巻二九）

光り物とは一般に流星のこととされるが、この文では明瞭ではない。

ともあれ、このように毎月のように天変が襲ってきては、ルイス・フロイスでなくても、地上に凶変が発生すると心配になるはずだ。信長はよほど合理的な頭脳の持ち主だったのだろう。

彼の合理主義はつぎに述べる改暦問題でも発揮される。

信長改暦を要求する

この年の二月に、中務省の陰陽頭（おんようのかみ）・土御門久脩（なが）が安土に挨拶に来た。このとき信長は朝廷に向かって改暦の実施を要求している。実はこれは朝廷に対する重大な越権なのである。

そもそも暦法と元号の制定権は一国の統治者の固有の特権と見なされていた。だからこの信長の要求は天皇制の聖域を侵す行為であるとして、朝廷の諸司はその無礼に驚いて騒然となった。もっとも彼のこの種の侵権行為は前にもあった。すなわち元亀四年（一五七三）七月に信長は朝廷に迫って、元亀を天正に改元させている。今回の改暦要求はかさねがさねの無理難題で、天皇の特権を剥奪しようとの意図があるようだった。

当時、作暦は土御門家が代々陰陽頭を世襲して取りしきっていた。計算に使う算法は中国伝来の宣明暦法で、陰陽寮がこれにもとづいて計算と作暦をおこない、でき上がった暦本は毎年朝廷の内官・外官に頒布され、残りは地方の陰陽師を通じて諸国に公布されていた。これは「京暦」と呼ばれて、いわば公式の暦本である。ところが天正年間あたりになると、地方によっては京暦と異なる私暦がつくられるようになり、その暦面の数値が京暦と合わないことがしばしば生じた。

私暦のひとつとして、当時尾張・美濃に広まっていた「三島暦」があった。これはもと伊豆三島大明神社領内で版行されていたもので、「版暦」としては宣明暦よりも歴史が古いという。三島暦の根源はインド仏教系の「符天暦」だといわれ、中国系の宣明暦とは算法と用数を異にしていたらしい（符天暦の算法についてはいまに伝わっていない）。こんなわけで両暦の計算結果がときに異なる値を出すことがあったのである。

問題は、京暦では天正一一年正月に閏をおいているが、三島暦では前年の天正一〇年一二月に閏をおいていることだった。

そこで信長は、

「京暦は三島暦に合わせて、閏を本年一二月に入れよ」

と要求した。すなわち官暦を取り下げろというのである。この大胆な要求を出す前に、信長は三島暦の暦師・賀茂在政と朝廷側の陰陽頭・土御門久脩とを対決させており、要求はその相論の結果の印象にもとづいており、信長には十分な勝算があったのだろう。

しかし三月にはいると、信長は武田攻めに忙しくなり、改暦要求も一時中断となった。が、彼は決して忘れたわけではなかった。武田を滅ぼしたのち、続いて中国の毛利を攻めるために上洛してきて、五月二九日（六月一九日）に本能寺に仮りに止泊したことはすでに述べた通り。翌六月一日には朝廷の諸司が本能寺に伺候して彼の武運の長久を祝賀した。その席上で信長はすかさず改暦の早期決着を彼らに迫ったので、諸司は鼻白む思いに沈んでしまったという。しかし翌暁に信長は殺されてしまったから問題は自然消滅したわけで、諸司は安堵の思いをしただろう。

表2-1
宣明暦算による定朔と中気とにあたる日の年月日・時分。

期　日	定　朔	中気（常気）
天正10年		
10月丙戌朔	1582 Ⅹ 27、0：29	小雪 Ⅺ 23、11：55
11月丙辰朔	〃 Ⅺ 26、18：43	冬至 Ⅻ 23、22：25
12月乙酉朔	〃 Ⅻ 25、12：26	大寒 Ⅰ*23、8：54
天正11年		
正月乙卯朔	1583 Ⅰ 24、4：33	雨水 Ⅱ 22、19：23
閏正月乙酉朔	〃 Ⅱ 23、18：09	―
2月甲寅朔	〃 Ⅲ 24、5：14	春分 Ⅲ 25、5：53

*印は1583年

この問題は古天文学の立場からいえば、古暦算法に関する技術上のことであるから、この点を引き続き追跡してみよう。

置閏法の検討

宣明暦の算法は現在でもわかっているから、宣明暦算にもとづく京暦の算法を再現してみせることは可能である。たとえば内田正男編著『日本暦日原典』（一九七五）三九三ページ所載の数値を現用時に換算し、問題の期間の定朔と中気（常気で）の日時を求めた数値を表2－1に掲示する。期間が一五八二年一〇月下旬のことだから、太陽暦日はグレゴリオ暦日表示であることに注意。

ところで、陰暦の閏月の置き方については古来決まった規則がある。蛇足ながら少し説明を加えよう。

以下の説明で、中気とは、冬至、大寒、雨水、春分、穀雨、小満、夏至、大暑、処暑、秋分、霜降、小雪の一二の季節日のことで、一年をほぼ一二等分する太陽暦による季節の節目である。したがって中気同士の間隔は三〇日よりやや長い。一方、陰暦のひと月は平均して二九・五三日ほどだから、陰暦のひと月のなかに中気の日が含まれない場合が起こりうる。

太陰太陽暦法ではこのような月を閏月と称して、その月を二度数え、後の月を前の月の「閏月」とするのである。暦法によれば、太陽暦一九年の間に七個の閏月が等間隔に配分されることになっている。こうすれば、長い目で見れば太陽暦と太陰暦とは互いに季節のズレを生じないことになる。

表2-1を通覧すると、一五八三年二月二三日から三月二三日までのひと月間には中気が含まれていないことがわかる。したがってこの月が「閏正月」となるのである。だから宣明暦算法に関する限り、天正一一年に閏正月を置いたのは正しいといえる。

一方、三島暦はその算法と用数とが今日に伝わっていないので、具体的にこれを追試することができない。しかし信長が認めたように、三島暦の算法によれば、天正一〇年に「閏一二月」が置かれていたのであろう。この例のように、暦法が異なれば閏月の置き方も多少は前後に移動することは従来もままあった。

たとえば、お隣の中国では日本の天正一一年（一五八三）は明・神宗の万暦一一年と同年だが、万暦一一年には「閏二月」が置かれるのである。これは当時の中国では大統暦が使われていて、大統暦の算法によればその年には「閏二月」が置かれるのである。つまり暦法がちがえばそれに応じて閏月の位置も変わりうるのである。

だからこの論争はどこに閏月を置くのが正しくて、どこに置くのが誤りということではない。もちろんどれかの暦法が根本的に優秀なことが証明されれば、その暦法に改めるほうがいい。ところが、信長がとくに三島暦に肩入れして改暦を迫ったのは、官暦にケチをつけて朝廷の権威を傷つけるのが真の目標であったらしく、暦法の優劣の問題ではなかった。もっとも一国のなかで異なる暦日が同時に通用していては社会の混乱を招くから、暦の統一は絶対に緊急な措置であることはたしかだ。しかし、それも彼の横死で沙汰やみとなってしまった。

少年遣欧使節

一五八二年はヨーロッパではグレゴリオ改暦の年であったが、そんなことは知る由もなく極東の島国からローマ法皇庁を目ざして表敬の使節が旅立って行った。世にいう天正の少年遣欧使節である。天正一〇年正月に、九州のキリシタン大名の大友・大村・有馬は四人の少年と従者たちを、帰国するポルトガルの司祭に托して乗船させた。たまたまこの年はグレゴリオ改暦がおこなわれた年であり、航海の途中のどのあたりで改暦を知って航海日記の日付を後述のごとく一〇日分変更したのか、または変更しなかったのか、に興味が生まれる。

実はこの年の二月二四日（ユリウス暦）、法皇グレゴリオ一三世の名のもとに、近く改暦が発布されるという予告があった。改暦のおもな内容は、同年一〇月四日（ユリウス暦）の翌日からの一〇日間を飛ばしてつぎの日を一〇月一五日（グレゴリオ暦）とすること、および今後四〇〇年ごとに従来は閏年とされていた年（四で割り切れる西暦年）のうち三個だけを平年にもどすという法令である。

遣欧使節を乗せた船がこの布告を知らずに日本を出帆したことは明らかだが、そのあとローマに着くまでの二年余りの間のどのあたりの港でこの知らせに接したのだろうか。一行は途中マカオ・マラッカ・ゴア・セントヘレナ島に寄港したあと、リスボンに到着している。ルイス・フロイスの『九州三侯遣欧使節行記』などの史料を使って書かれた三浦哲郎の小説『少年讃歌』（一九八三）には、グレゴリオ改暦の件にはふれていない。どこかの港に入った途端に、日付が一〇日も違っていたり、そのくせ曜日はそのまま続いていたりしているのを発見したら、彼らはおおいに驚き困惑したことだろう。

ユリウス暦日からグレゴリオ暦日に変わったあたりの日付の対照表を左に掲げておこう。

年　月	ユリウス暦日	グレゴリオ暦日
一五八二年一〇月	二日　三日　四日	一五日　一六日　一七日
曜日	火　水　木	金　土　日
天正一〇年九月	一六日　一七日　一八日	一九日　二〇日　二一日
ユリウス通日 (J.D.)	二二九万九千日＋ 一五七日　一五八日　一五九日	二二九万九千日＋ 一六〇日　一六一日　一六二日

右の表で、二二九万九千日＋一五七日とあるのはJ.D.＝二二九万九一五七日の意である。他も同じ。

改暦にさいして日付を一〇日分飛び越しながら曜日を連続させたのは、西洋では伝統的に曜日の連続性に執着したためだ。また最も左側の「ユリウス通日（J.D.）」とある欄の数値はBC四七一三年正月一日の前日正午を暦元（〇・〇日）として、以後日数単位で通算する方式による通日制である。ここでユリウス通日も日本の天正一〇年九月の暦面も、グレゴリオ改暦に関係なく日付は連続している。

さて、少年使節は日本出発から八年後の一五九〇年にまたポルトガル船に乗せられて長崎に無事帰り着いた。しかしその間に日本国内の事態は大変化をしていて、日本はキリシタン禁制の世のなかになっていた。少年たちのうちのある者は棄教し、ある者は殉教死した。

日本耶蘇会の書簡をさぐる

グレゴリオ改暦の話には続きがある。

当時、日本に滞在して布教活動をおこなっていたイエズス会の宣教師たちは「日本耶蘇会」と呼ばれていたが、彼らは天正一〇年（一五八二）の改暦の告知を長崎でいつ受けとったのだろうか。彼らがつけていた日記やヨーロッパ本部あてに送った報告書簡のなかの日付からこれを探索する試みがある。

ローマと日本とのあいだの交通・通信には当時長い年月がかかっていたから、耶蘇会が改暦の告知を受けてただちに日付変更を実施したとしても、おそらく一五八二年以後の数年はかかったものと思われる。

この問題は大崎正次氏が研究して「日本耶蘇会の改暦」と題して『歴史地理』七〇巻四号（一九三七）に発表している。あまり人に知られていない論考であり、本章の改暦問題にも関連するので、その一端を紹介しておこう。

一五八四年度の耶蘇会年報にのるルイス・フロイス発信の興味ある報告書の一部を引用しよう。

●サン・ジョルジの祭日、異教徒なる青年ひとり有馬の城に逃げ来たりて、隆信（竜造寺）はすでに全軍とともに諫早（長崎県）の城にあり、翌日すなわち金曜日の天明には、必ず中務（家久）およびドン・プロタシオの陣営を襲い、これを破るべしと伝えたり……。戦は光栄ある福音師サン・マルコスの祭日の翌日すなわち四月二四日金曜日の朝八時に始まり、正午まで継続したり。

この記事はグレゴリオ改暦が発布されたあと、二年を経過した一五八四年四月に九州の一角で起きた事件を報告しているものである。サン・ジョルジの祭日は四月二三日であり、その翌日四月二四日が金曜日だと記している。この点を古天文学で検算してみよう。

一五八四年四月二四日は、もしこれがユリウス暦日で表わしてあれば、ユリウス通日（J.D.）は二二九万九七二七日となり、この日はたしかに金曜日である（検算のやり方はJ.D.の日数を七で割り算をして、剰余が三日と出ればすなわち金曜日）。一方、四月二四日がグレゴリオ暦日で表示されていれば、そのJ.D.は二二九万九七一七日となり、検算をするとこの日は火曜日にあたるからフロイスの記述と合わない。このことによって、フロイスが書いた日付はユリウス暦日表示であったと証明される。すなわち改暦の発布から二年経っても、日本長崎在留の耶蘇会の人びとはグレゴリオ改暦のことを知らなかったようだ。

大崎氏はこの例のような判別法を使って、耶蘇会の書簡をいろいろと調べ、一五八五年三月まではユリウス暦日で日付の表示がおこなわれており、同年八月の書簡になって初めてグレゴリオ暦日で日付が書かれていることを発見したという。

おそらくこの年の三月から八月のあいだに入港した船によって、ようやくグレゴリオ改暦の沙汰が届いたのだろう。改暦の実施から三年余りが経過している。大崎氏はその論考の文末で、「日本のキリシタン史研究者はこのタイム・ラグの存在に心をとめてもらいたい」と呼びかけている。筆者も本章において、大崎氏のこの呼びかけを紹介しておく次第である。

〔参考文献〕
斉藤国治「AD一五八二年に何が起きたか」『星の手帖』巻五九、一九九三冬刊
神田茂『日本天文史料』恒星社厚生閣、一九三五　再版　原書房、一九七八
太田牛一原著・榊山潤現代語訳『信長公記』教育社、一九八〇
ルイス・フロイス『日本史』一〜一二巻　中央公論社、一九八一
池田毅一ほか『回想の織田信長』中公新書、一九八二

津本陽『下天は夢か』日本経済新聞社、一九八九
津本陽『鬼骨の人』新人物往来社、一九九〇
三浦哲郎『少年讃歌』文藝春秋社、一九八二
広瀬秀雄ほか『彗星を追う』地人書館、一九七一
内田正男『日本暦日原典』雄山閣出版、一九七五
広瀬秀雄『暦』近藤出版社、一九七八
木場明志「本能寺の変と天正十年の暦」、"Museum Kyushu" 四五号、一九九三
大崎正次「日本耶蘇会の改暦」『歴史地理』七〇巻四号、一九七三七

第三章　歴史のなかの皆既月食

古今東西の歴史のなかに、しばしば皆既月食が歴史転換のキーポイントとなった事件がある。本章ではそれらを紹介しよう。

コロンブスのトリック

クリストファー・コロンブス（一四四六～一五〇六）は一四九二年にアメリカ州の一端を発見したことで有名だが、彼がおこなった四回の航海のうち、最後の航海のとき西インド諸島滞在中に、皆既月食を利用して島民をだましたという話は有名だ。

以下では、故・秋山利雄海軍少将（理学博士）が書いた文章を紹介しよう（引用にあたっては語句を現代風に改めたところがある）。

コロンブスの第四次遠征では、西インドにおいて数々の困難と災厄が相次いで起こり、ついに彼の船団は一五〇三年夏にはジャマイカ島の北岸に座礁し大破するにいたった。これから述べるのは、この地でヨーロッパから救援の船が来るのを待つ一年の間に起こった話である。

図 3-1
A.D.1504 Ⅱ 29 の夜に、皆既月食を西インド諸島の住民たちに示すコロンブス（Washington Iriving,"Life and Voyages of Christopher Columbus" 1892 より）

ジャマイカの島民たちは救援の船がなかなか来ないのを見てとると、コロンブスたちに対して次第に侮りの態度を露骨に見せ始め、やがてはその年の秋の凶作を口実に糧食の供給をこぼむようになった。もはやコロンブスの威壓も懇願も効き目がなく、病人ばかりふえる船員たちには飢餓が迫ってきた。

ここにおいて、コロンブスは思案も尽きはてたかにみえたが、偶然にも船室の机の上に拡げてあったレギオモンタヌスの暦書（エフェメリデス）のある一ページを見るや、機智がひらめき、窮余の一策を思いついた。コロンブスはある満月の夜、時刻を指定して付近の酋長たちを集め、彼らの背信を責め不従順をなじり、これに対する天罰として恐るべき天変がたちどころに彼らのうえに加わるであろうと宣言した。

その夜は、月が出ると次第に光輝を失い、やがて月面は血の色に変わった。そこで島民はおおいに驚き怖れて、コロンブスに神への執りなしを哀願した。そこでコロンブスが天に向かって「執りなしの祈り」をおこなったところ、驚くべきことには月は徐々にその光輝を回復していった。島民は感嘆の声をあげてコロンブスに感謝し、彼の力を信じ許しを乞うた。こうしてコロンブスと彼の船員たちは窮地を脱することができたのであった。

図3－1はそのときの様子を描いた挿画だが、その月の欠け方の向きは誤りで、月の左上が明るい三月型にする方がよい。

このときの月食について調べてみると、これはオッポルツェル月食番号四一八七番という皆既月食であったことがわかる。食甚の日付は世界時では一五〇四年三月一日にあたるが、ジャマイカ島のサンタ・グロリア（西経七七・三度、北緯一八・五度）でこの月食を見たとすると、時差の関係で食の全経過は前日二月二九日の夜に起きたことになる（ちなみにこの年は閏年なので二月二九日があった）。

古天文学検算によると、この月食の経過は次表のとおりである。ただし時刻はジャマイカ島地方平均時で表示してある。

一五〇四年二月二九日 ジャマイカ平均時	欠け始め	皆既始め	生光	復円
	（一七時五三分）	一九時一三分	一九時五五分	二一時一六分

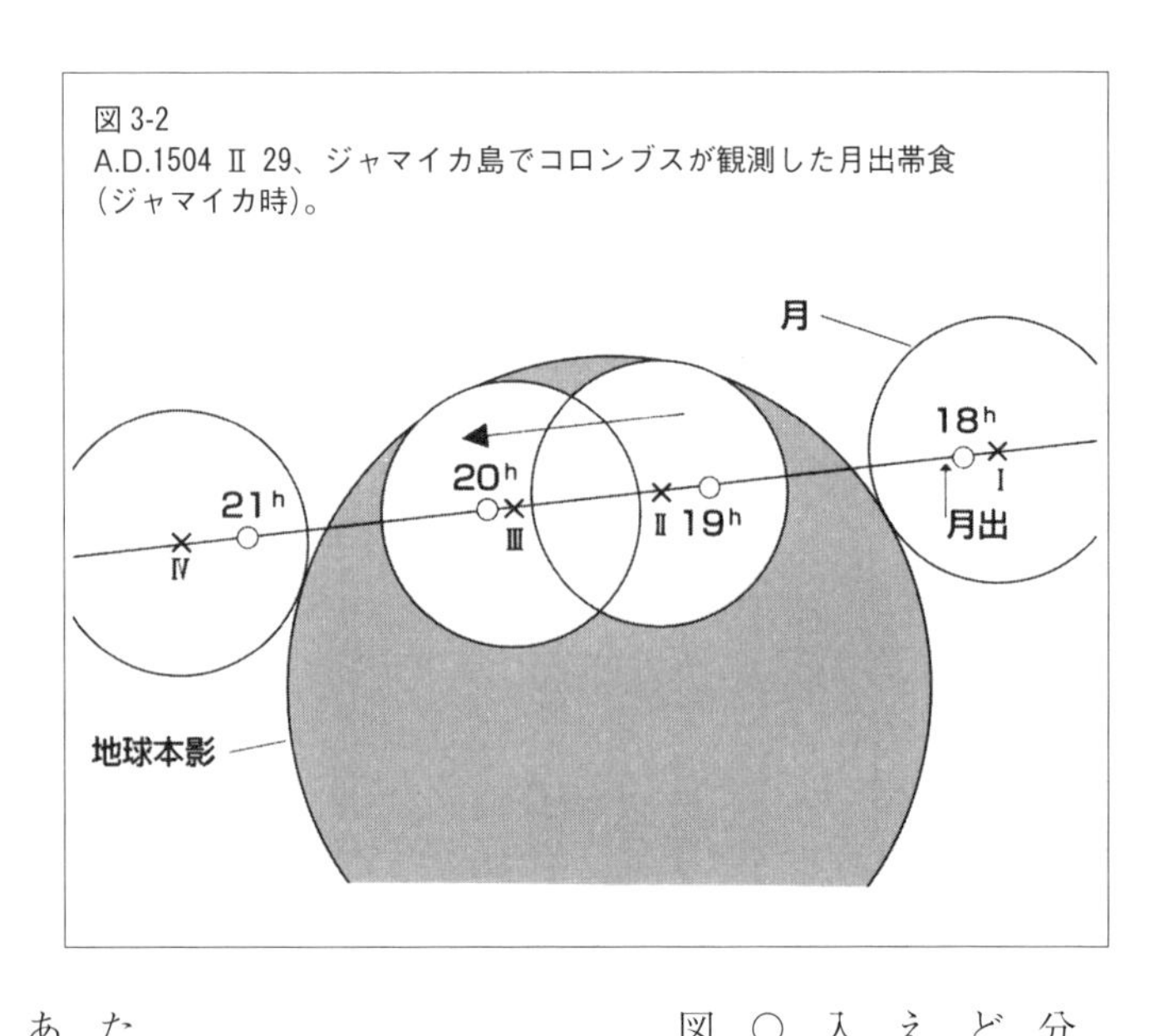

図3-2
A.D.1504 II 29、ジャマイカ島でコロンブスが観測した月出帯食（ジャマイカ時）。

この日の日入は一八時〇五分であったから、月出のときに月はすでに二〇％ほどは欠けていた「月出帯食」だった。欠け始めは見えなかったので、前頁表ではその時刻をカッコ内に入れてある。以後も同様。地心から見た月半径は〇・二六度、地球本影の半径は〇・六九度だった。

図3－2はこの食の経過を描いたものである。

コロンブス自身の観測記を引用すると、

●この日の月食は月出のときすでに欠けていたので、欠け始め時刻は観測できなかった。しかし夜になってから、砂時計を五回ひっくりかえしたころには、月は元どおりの光輝にもどっていた。

とある。彼が使っていた砂時計は三〇分計であったというから、日暮れ（日入り後約三六分ごろ）のあと二時間三〇分経った時刻として二一時一五分が得られる。

これは前表の復円の時刻とピタリと一致する。図3－3はコロンブスが探検した西インド諸島と月食観測地とを示している。

コロンブスが航海中に観測した皆既月食はこれのほかに、もうひとつあった。それは第二回目の航海の時のことだった。ときは一四九四年九月一五日の未明、場所はエスパニョラ島（現在は独立してドミニカ共和国という）の南東端だった。図3－3をふたたび見ていただきたい。観測点は海上で、西経六八・七度、北緯一八・一度のあたりの船上だったという（ラス・カサス著『インディアス史』巻一、第九八章に掲載の簡単な記述による）。

このときの月食はオッポルツェル月食番号四一七六番の皆既月食である。古天文学検算によると、この食の経過はつぎのとおり。

一四九四年九月一五日	欠け始め	皆既始め	生光	復円
ドミニカ平均時	○時二○分	一時二五分	二時三七分	三時四二分

図3－4はこのときの食の経過を描いたものである。

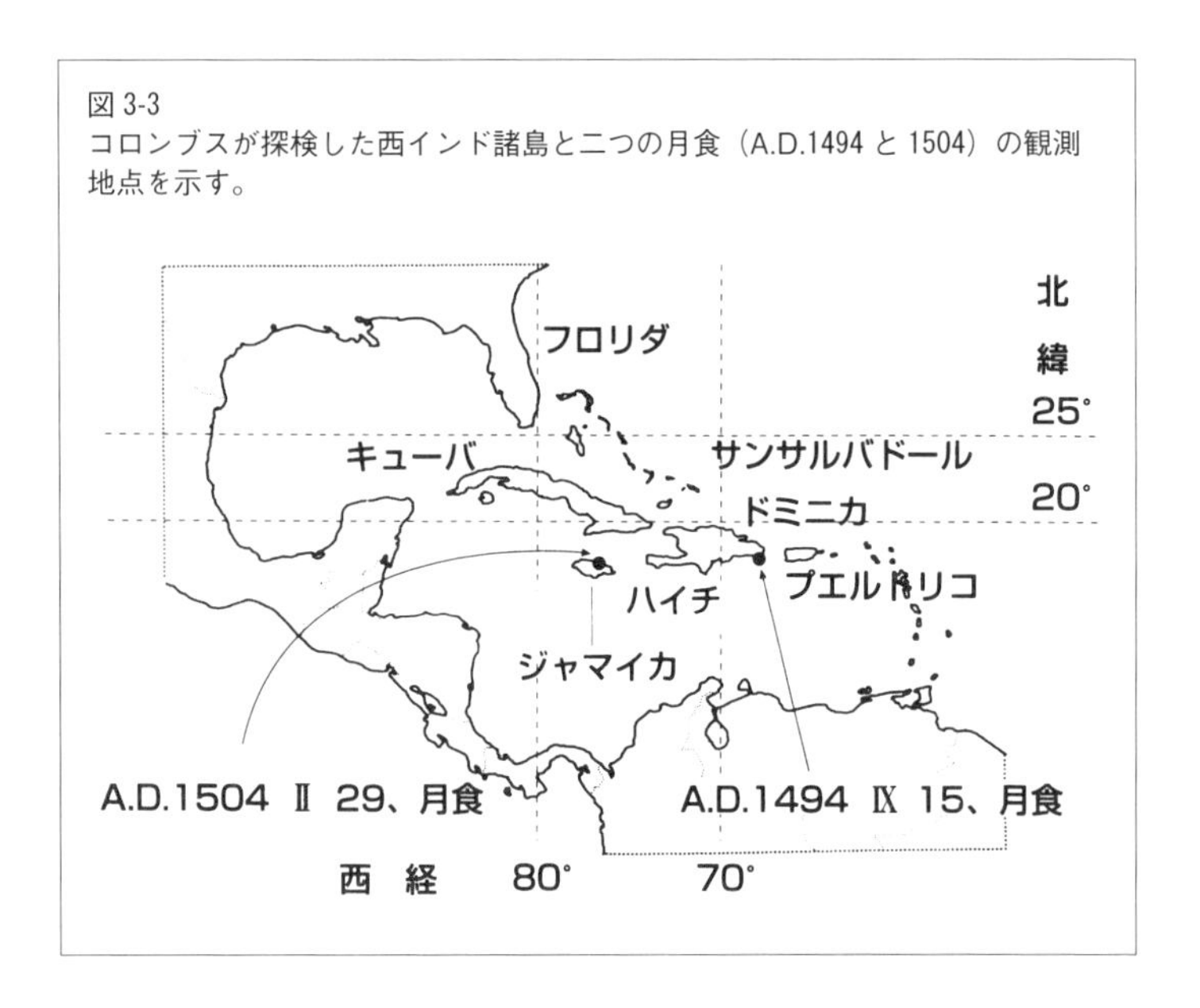

図 3-3
コロンブスが探検した西インド諸島と二つの月食（A.D.1494 と 1504）の観測地点を示す。

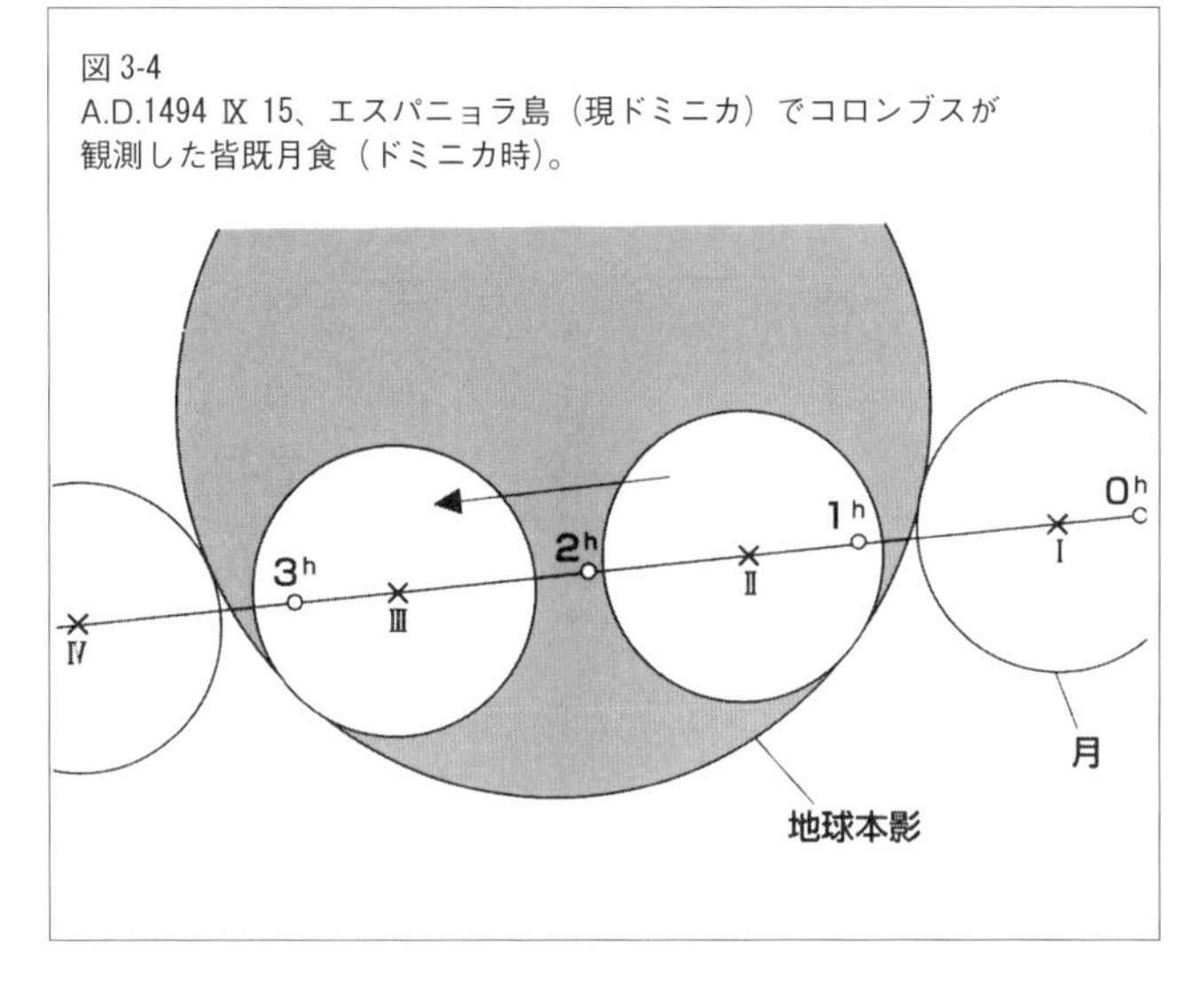

図 3-4
A.D.1494 Ⅸ 15、エスパニョラ島（現ドミニカ）でコロンブスが観測した皆既月食（ドミニカ時）。

コロンブスの誤解

ところで、コロンブスは西インド諸島を発見して、これを東洋の一部だと錯覚したということになっている。実はこの錯覚は、先にあげたふたつの皆既月食の観測データにかかわりがある。その話をつぎに述べよう。

今日では無線電信などによって、地球上の遠く離れた二点間で同時時刻を確保することはごく簡単だが、一五世紀のころはそれがはなはだしく困難だった。当時は、遠く離れた二地点で同時時刻を得るためのひとつの手段として月食観測が使われた。

月食の「皆既始め」の現象は地球上のどこから見ても同じ時刻に見えるから、離れた二地点で「皆既始め」を観測すれば、それで同時時刻が確保できたわけである。二つの地点で時計合わせができたら、その二地点でそれぞれの子午線を通過する恒星を観測すれば、それぞれの地点の恒星時が得られ、ふたつの恒星時の差をとれば、これが両地間の経度差に等しい。コロンブスもこの方法を使って、自ら発見した島々の経度を出していたのである。

彼は、一四九四年九月一五日の月食時に、エスパニョラ島南東端で得た月食の時刻の恒星時と本国スペインのカディス港で行われた測定（これは彼が帰国してのち入手した値）との差をとって、両地点間の経度差を得ている。それは五時間二三分（経度差で表わすと八〇・七五度）だという。しかし世界地図上で両地点間の経度差を読みとるとそれは四時間一〇分（経度差で六二・四度）となる。

皆既月食の始めと終わりの時刻の観測は現代でもあまり精密には測定できないが、コロンブスの得た値は一時間（経度差で一五度）以上もの誤差があり、月食の時刻測定としてはあまり感心できない。

一五〇四年二月二九日の皆既月食のときには、ジャマイカ島民とのあいだに緊迫状態があって危い橋わたりをしながらの観測だったが、観測の結果はジャマイカ島北岸の地点とカディス港とのあいだの時差として七時間一五分（経度差で一〇八・七五度）。世界地図上で測ると、それは四時間四四分（経度差で七一・〇度）で、誤差はなんと二時間半（三七・七度）になってしまう。これは月食の観測誤差というよりも、何か整約上の誤算があると疑われる量だ。

コロンブスは自ら発見した諸島の位置をなるべくヨーロッパより西に遠く離れたところにしたかったのではないか。しかし、それは東洋の経度にまではとても及びもつかないのだった。コロンブスは死ぬまで自分が発見した諸島は東洋の一部だと信じていたと言い伝えられている。

シラクサの攻防戦

紀元前五世紀のころ、古代ギリシャの二大都市国家アテナイとスパルタとのあいだでペロポネソス戦争（BC四三一～四〇四年）が起こり、両国間では、地中海の交易権の確保を争っていくども戦闘がくりかえされた。この長い戦争のあいだに「関が原」ともいうべきひとつの合戦があった。当時スパルタの保護領となっていたシチリア島にアテナイの海軍が攻撃をかけた「シラクサ城砦の攻防戦」がそれだ。

シチリア島に上陸したアテナイ軍は一時は優勢に占領を続けていたが、やがて駆けつけたスパルタの増援部隊と衝突するや戦いは不利となり、全面撤退もやむなしとなった。ところが撤退予定日の夕方に、思いもかけず皆既月食が起きた。アテナイ軍の司令官ニキアスは月食を凶兆と見て、一か月間軍隊の撤収を延期してしまった。シラクサにあったスパルタ海軍はこのチャンスを有効に使って、アテナイ艦隊を包囲して決定的な勝利をおさめることができたのである。アテナイ軍は陸兵二万九千人、艦船二〇〇隻を失ったという。


このときに起こった皆既月食はオッポルツェル月食番号一二二八番とされる。ＢＣ四一三年八月二七日、シラクサ（東経一四・八度、北緯三六・九度）でその月食を見たとして計算すると、その経過はつぎのとおり。

ＢＣ四一三年八月二七日	欠け始め	皆既始め	生光	復円
シラクサ平均時	二〇時一六分	二一時三五分	二二時一八分	二三時三七分

最大食分は一・一〇となる深い食だった。図３－５はこの食の経過を描いたものである。

この合戦のあと、アテナイの形勢は不利に転じ、ＢＣ四〇六年にはついに全面降伏するに至った。もしこのときに皆既月食が起こらなかったら、アテナイの陸海軍はあまり損傷を受けずにシチリア撤退が

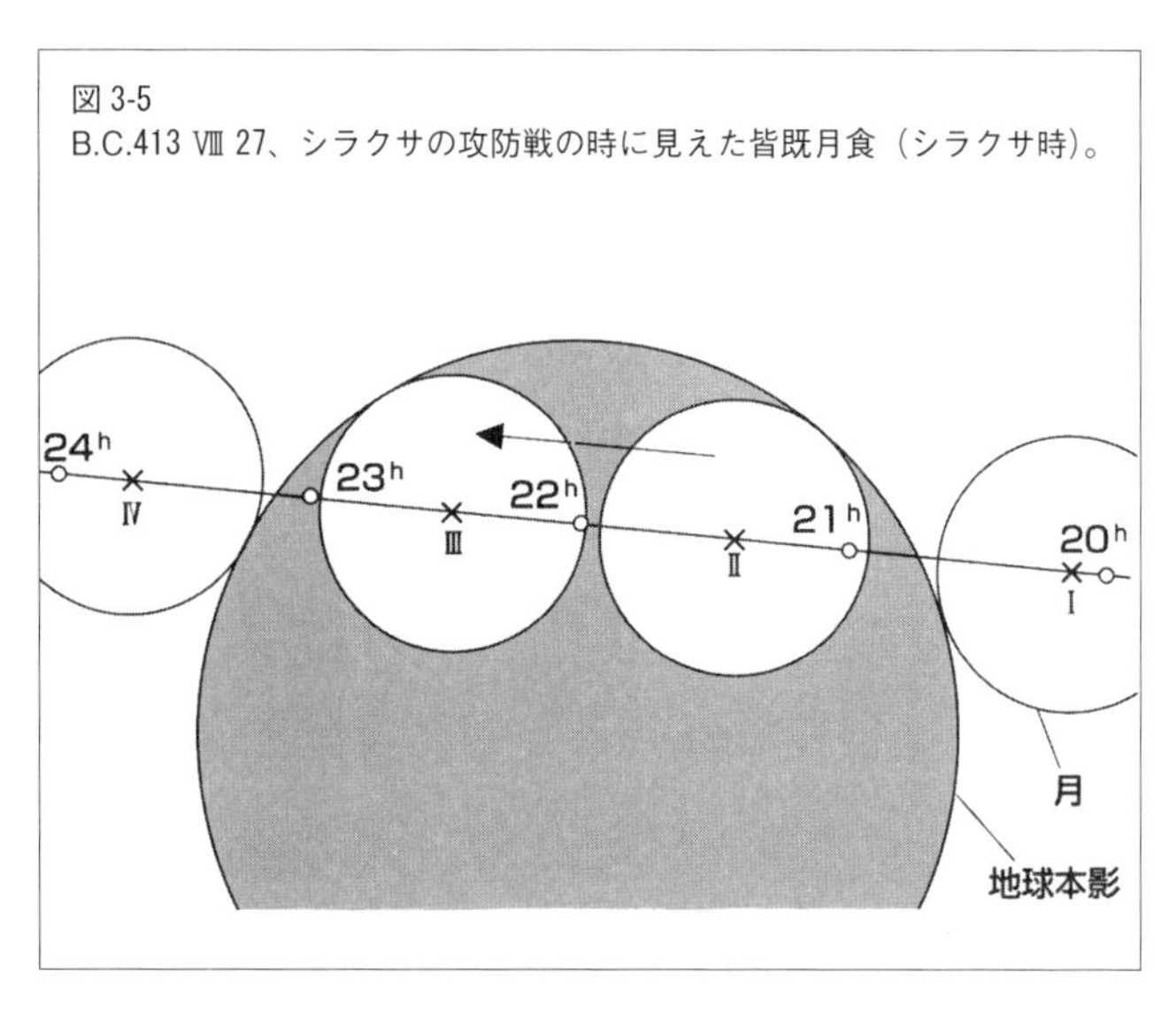

図3-5
B.C.413 Ⅷ 27、シラクサの攻防戦の時に見えた皆既月食（シラクサ時）。

できて、その後の戦局はまた別の展開になったかもしれなかった。

実をいうと、このペロポネソス戦争の初期、ＢＣ四三一年八月三日には深く欠けた日食がギリシャ全土で見られたことがツキジデスの『歴史』に記されている（小著『古天文学の道』の二五三ページを参照されたい）。この戦争は奇妙に日食・月食にかかわりがあった。

タキトゥスの『年代記』

コルネリウス・タキトゥス（ＡＤ五六頃～一二〇年頃）はローマ帝政時代の大歴史家である。その著『年代記（アンナーレス）』には、アウグストゥスの死（ＡＤ一四年）からネロの死（ＡＤ六八年）の二年前までの歴史が述べられている。その第一巻第二章の「属州パンノニアの軍隊の暴動」のなかに皆既月食の記

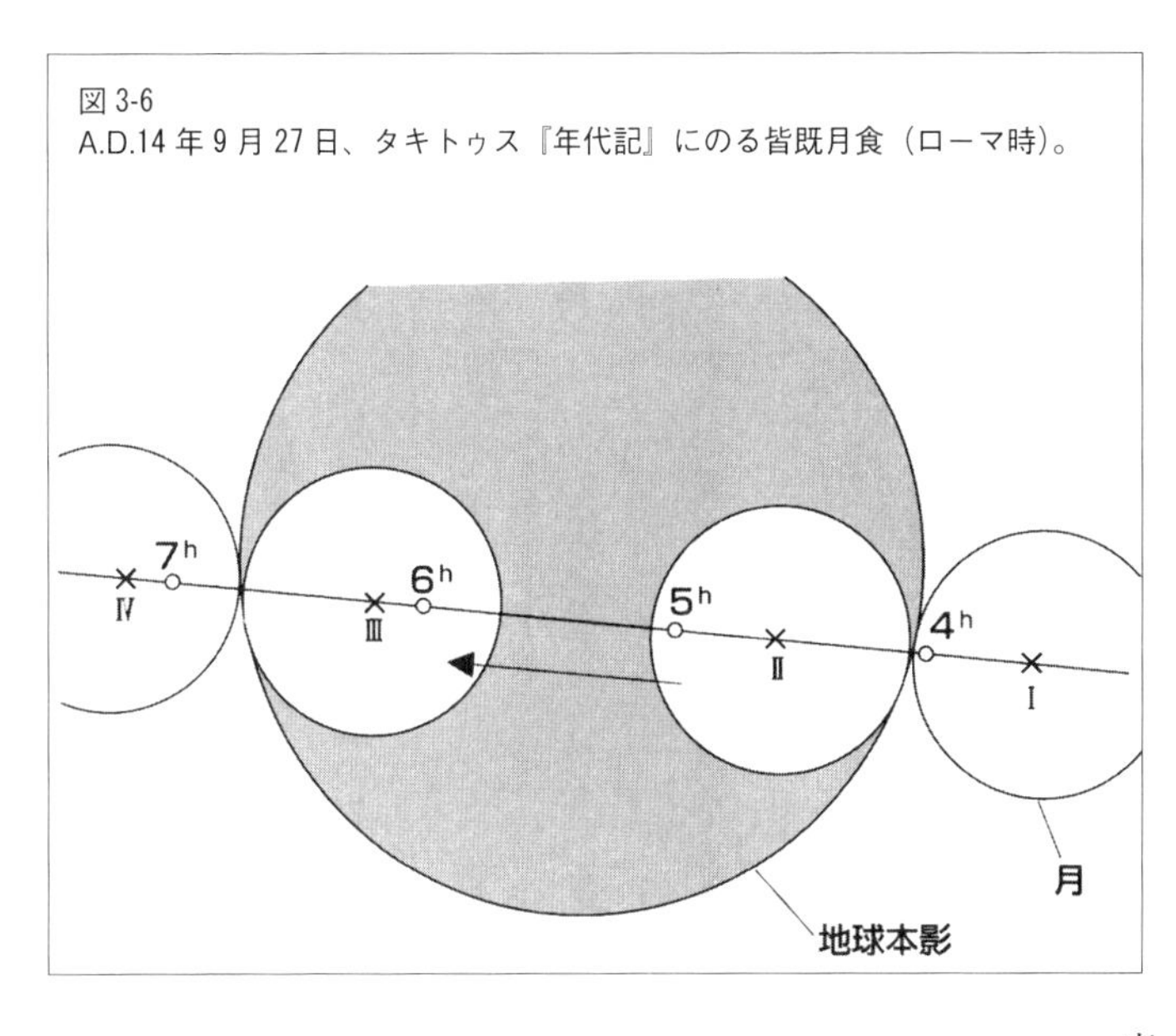

図 3-6
A.D.14 年 9 月 27 日、タキトゥス『年代記』にのる皆既月食（ローマ時）。

事が見える。国原吉之助訳を左に引用しよう。

●その夜は不気味で今にも不祥事が突発しそうだった。しかし全くの偶然が平静にもどした。すなわち皎々たる空に、突然月がかげり始めた。兵らにはこの原因がわからないので、この事は彼らの不運のしるしと考えた。「もし月の女神が金色の輝きをとりもどしたら、自分らのやろうとしていることが成功するだろう」と。そこで銅器をたたき、ラッパや角笛を鳴らして騒ぎたてた。月がすこしでも輝きや陰りをますとこおどりし、また鎖沈した。

やがて雲があらわれ、視野をさえぎり暗闇の中に月が隠れたと兵士らは信じた。人間の心は一度打ちのめされると迷信に走ってしまう。そのような兵らも「これこそ永久の悲惨の予告だ。神々は自分らの悪業をあきらめさせようとしている」と嘆いた。カエサルは「動転したこの機会を逃してはならない。偶然が恵んでくれたものを賢明に利用すべきだ」と考え、天幕の周りに兵を集めさせた。

ここにも、賢明な支配者が争乱のなかで偶然起きた月食を巧みに利用した例を見ることができる。この月食はオッポルツェル月食番号一八八四番の皆既月食で、ローマ時で示した食の経過はつぎのとおりである。

AD一四年九月二七日	欠け始め	皆既始め	生光	復円
ローマ平均時	三時三六分	四時三六分	六時一三分	七時一二分

図3-6はこの食の経過を描いたものである。

コンスタンチノープルの落城

三九五年にローマ帝国は東西に二分し、四七六年に西ローマ帝国は滅亡した。その後は東ローマ帝国（いわゆるビザンチン帝国）のみがコンスタンチノープルを首都として約一〇〇〇年のあいだ栄えた。しかしその晩年には帝国の内部腐敗や東隣に勃興したトルコの攻撃を受けるという内憂外患に見舞われた。

事件は、一四五三年のコンスタンチノープル攻防戦のときに起きた。攻める方はトルコの二二歳の若

図 3-7
A.D.1453 V 22、コンスタンチノープル陥落の時に見えた月出帯食（コンスタンチノープル時）。

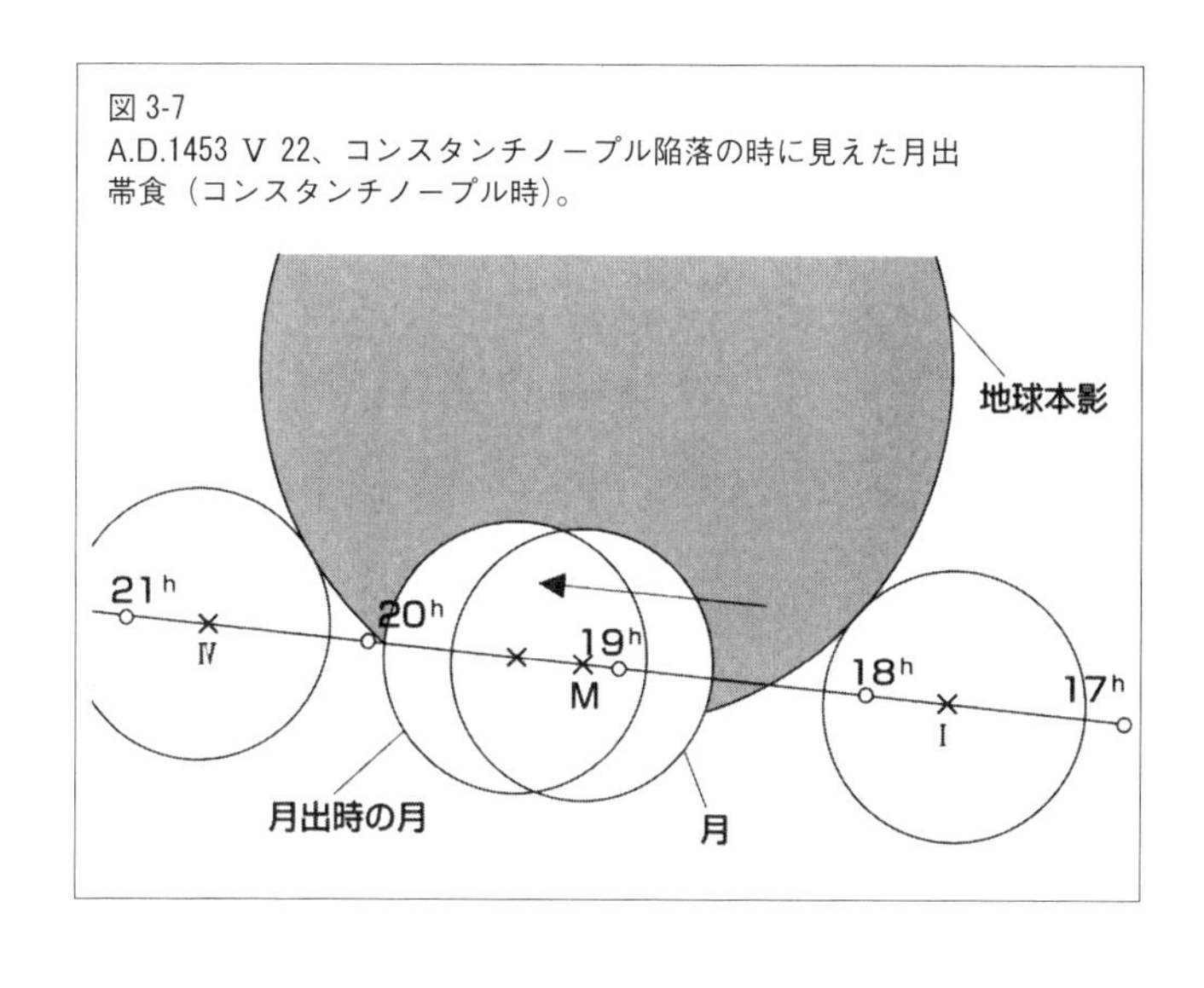

き首長マホメド二世、守る方は東ローマ帝国最後の皇帝コンスタンチヌス一一世である。これは第六章でも述べることだが、ローマ帝国を樹立した初代皇帝はコンスタンチヌス一世だった。そのとき、「もしも後世にローマ帝国が滅びることがあれば、最後の皇帝の名もやはりコンスタンチヌスといわれる人であろう」という奇妙な言い伝えがあった。それが実現しそうになった。

コンスタンチノープルの包囲攻撃戦は一四五三年四月から始まった。トルコ軍は砲身の長さが九メートルという新式の大砲をもち、その威力はすさまじく、この首都を取り囲む三重の防壁も石の弾丸によってつぎつぎに崩れ去っていった。しかし城兵たちも必死の防戦をしたため、城市は容易に落ちることはなかった。それは彼らのあいだに、古来の預言としてつぎのような伝承があったからである。

● 月が満ちていくあいだ（新月から満月まで）には、コンスタンチノープルの城は決して落城することはない。

この信念がコンスタンチノープルを守る兵士たちの士気を支えていたのである。

ところがどうしたことか、一四五三年五月二二日の夜、満月が東天に昇ったときに、それは下弦の月のように大きく欠けて現われた。月出帯食の出現である。この不意の天変にコンスタンチノープルの市民と兵士とは深い恐怖に襲われ、彼らの士気はひどく沮喪した。そこで、包囲を指揮していたマホメド二世は五月二八日夜半に最後の総攻撃を命じた。

なぜか城市の裏手の門が開いていたので、トルコ軍の小部隊がそこから侵入し、「かぎ手」を使って内側から城門を開き主部隊を城内へ導いた。その結果コンスタンチノープルは落城し東ローマ帝国は滅亡した。それ以後ヨーロッパの南東部一帯はアラブの占領するところとなったのである。このときの月食はオッポルツェル月食番号四一一三番の部分月食だった。コンスタンチノープル（東経二八・九度、北緯四一・一度）で見えた食の経過はつぎのとおり。時刻はコンスタンチノープル平均時。

一四五三年五月二二日 コンスタンチノープル平均時	
欠け始め	（一七時四二分）
食甚	（一九時一〇分）
食分	〇・七二
復円	二〇時〇六分

この日の月出は一九時二四分であったから、月の出のときにはすでに食甚をすぎていたが、それでも食分〇・七〇くらいは欠けていた。図3－7はこの食の経過を描いたものである。

太平天国の乱

一六四四年に明朝を倒した清朝は中国全土を治めてその勢いはすこぶる盛んであったが、その末期には例によって内部腐敗が起き、貧農対策の無為がたたって、太平天国の乱を引き起こした。

昔から中国では「易姓革命」という思想が信じられていて、新旧王朝の交代は「天帝」の意志によってなされるものであり、その兆しとして日食や月食などの天変が現われると信じられていた。

一八五〇年六月、キリスト教原理主義派と称する洪秀全（一八一四～六四）という男が広西省で救世の旗を掲げて挙兵して、清朝打倒を企てた。一八五三年三月には、南京を陥れて、ここを国都とし「天京」と命名した。国号を「太平天国」と称し、洪秀全自身はキリストの弟と僭称した。

その勢威は侮りがたく、北伐・西征をおこなって各地で勝利をおさめ、占領地域内ではたしかに善政を施していたという。

当時、英・米・仏の諸国は中国に利権を求めて進出していたが、この内乱の勃発を機に清朝を援助すると称して事変に介入してきた。まず上海の自国民居留地を護衛するとの名目で、新装備の軍隊を編成して、太平天国軍と対戦し、しばしばこれを撃破した。彼らは自国の軍隊を「常勝軍（Ever Victorious

図 3-8
A.D.1863 XI 25、太平天国の乱の時に蘇州で見えた月出帯食（蘇州時）。

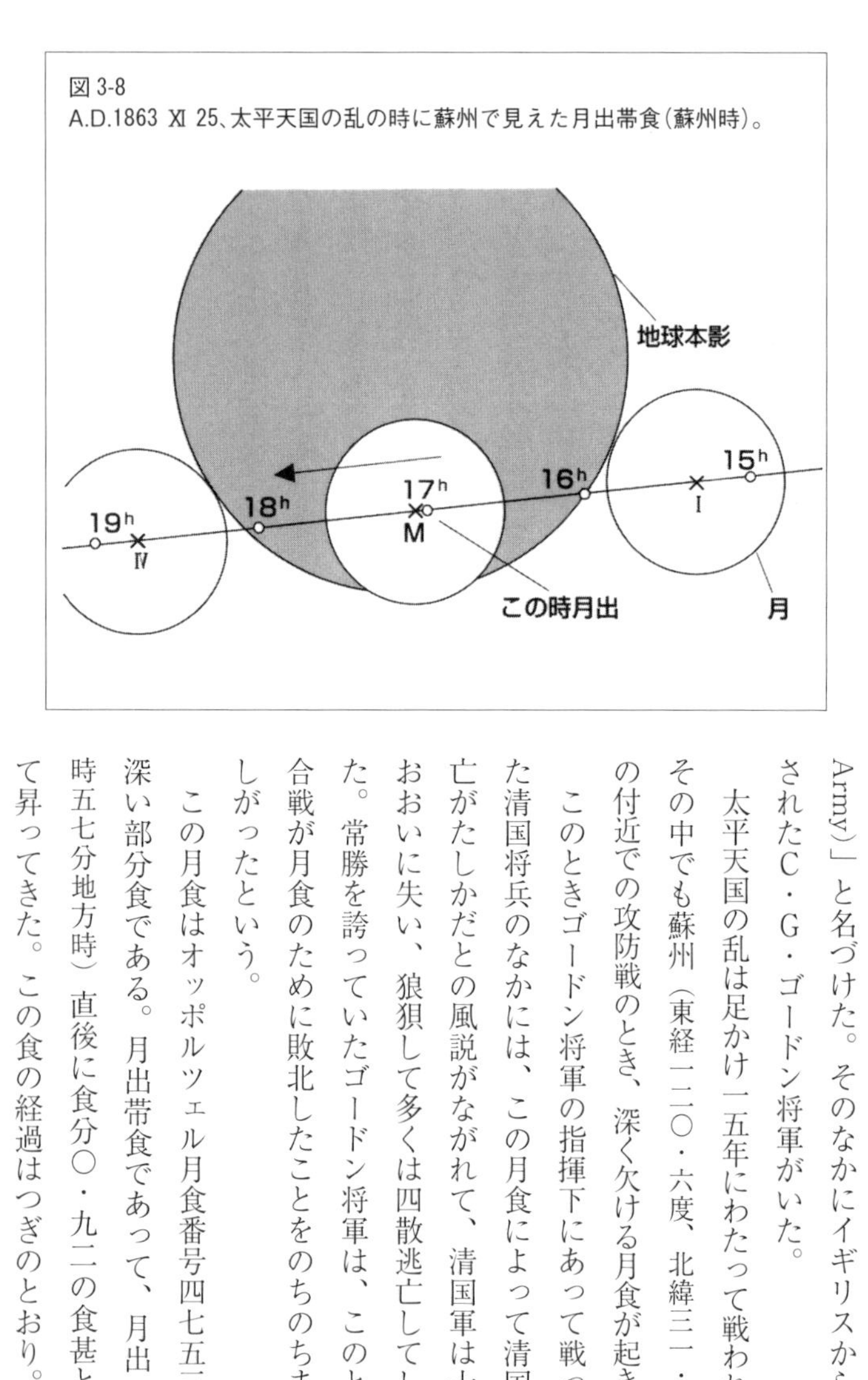

Army)」と名づけた。そのなかにイギリスから派遣されたC・G・ゴードン将軍がいた。

太平天国の乱は足かけ一五年にわたって戦われたが、その中でも蘇州（東経一二〇・六度、北緯三一・四度）の付近での攻防戦のとき、深く欠ける月食が起きた。

このときゴードン将軍の指揮下にあって戦っていた清国将兵のなかには、この月食によって清国の滅亡がたしかだとの風説がながれて、清国軍は士気をおおいに失い、狼狽して多くは四散逃亡してしまった。常勝を誇っていたゴードン将軍は、このときの合戦が月食のために敗北したことをのちのちまで悔しがったという。

この月食はオッポルツェル月食番号四七五三番の深い部分食である。月出帯食であって、月出（一六時五七分地方時）直後に食分〇・九二の食甚となって昇ってきた。この食の経過はつぎのとおり。

一八六三年一一月二五日	欠け始め	食甚	食分	復円
蘇州平均時	（一五時二〇分）	一七時〇一分	〇・九二	一八時四五分

図3－8はこの食の経過を描いたものである。

太平天国の乱は翌一八六四年に、洪秀全の服毒自殺というアッケない幕切れで平定され、清国はなおしばらくは余命を保つことになった。

時代は移って、現代の中国共産党内では太平天国を見直して、その政策を高く評価しているという。

アラビアのロレンス

第一次世界大戦（一九一四～一八年）の初期に、トルコのオスマン帝国はドイツと軍事同盟を結び、同年一一月に英・仏は中近東における自国の権益保護を理由にトルコに対して宣戦を布告した。

この大戦はその後長らく続くが、その間英国は久しくトルコに支配されていたアラブを助けて、大戦終結後にはアラブ国家を独立させるという約束のうえで、トルコ領土内でアラブ民族の内部反乱を促す謀略を始めた。この企ての現地における主導者が、のちに「アラビアのロレンス」と呼ばれて有名になったイギリス陸軍省諜報部員トーマス・エドワード・ロレンス（一八八八～一九三五）であった。

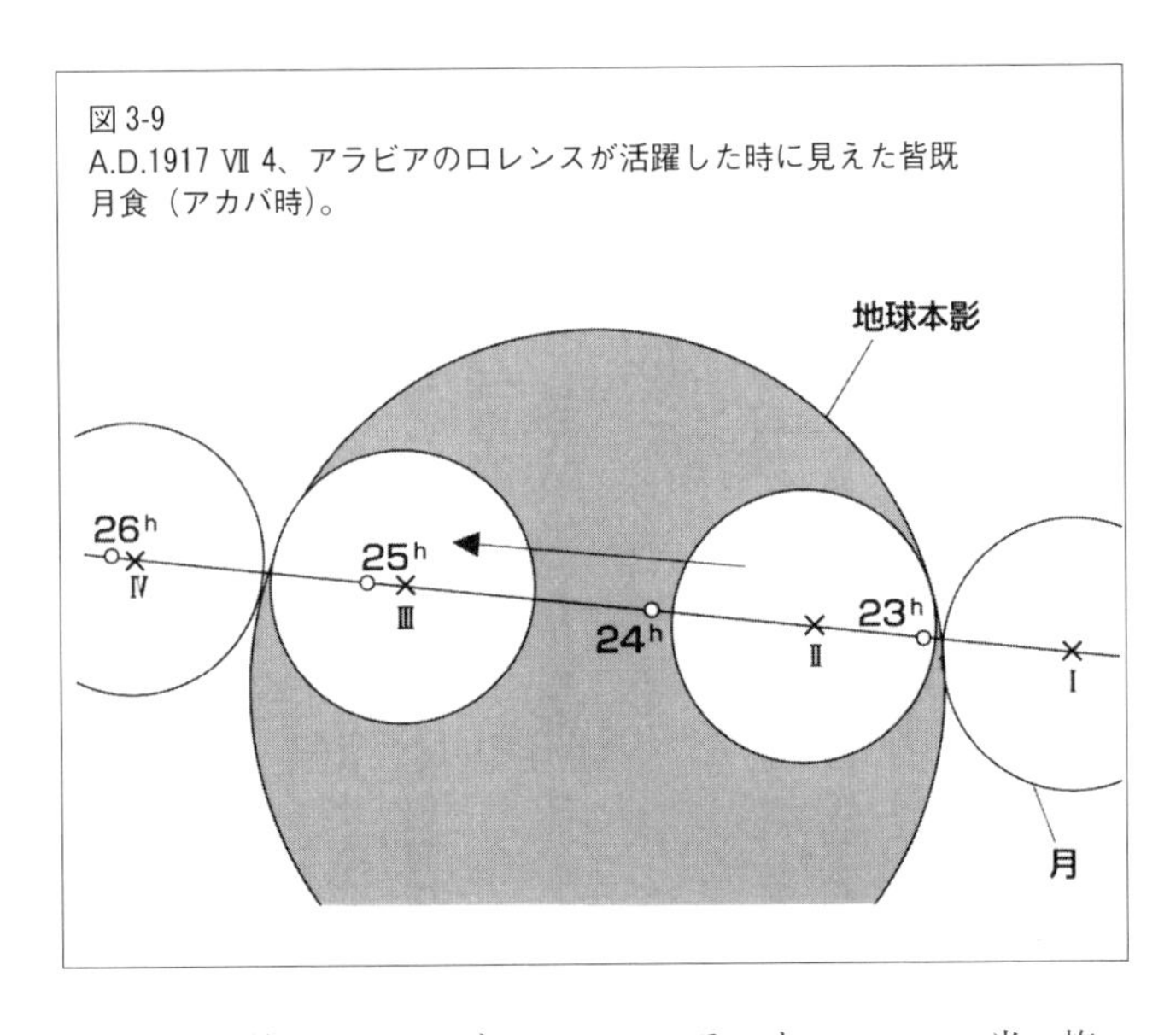

図 3-9
A.D.1917 Ⅶ 4、アラビアのロレンスが活躍した時に見えた皆既月食（アカバ時）。

彼がとった戦法は、現地のアラブ人（ベドウィン族）から少数精鋭のゲリラ部隊を編成し、アラビア半島の広大な砂漠地帯を潜行突破して、随所にトルコ軍営の不意を襲い、これを撃破することだった。ロレンスは一九一六年一〇月から現地入りして活動を開始し、以後各地に転戦して勝利をおさめている。そのなかでもクライマックスと言うべき戦闘は、トルコ軍の軍事基地とされたアカバ市を守るアバ・エル・リッサンという要塞を夜間襲撃した時のことである。

この要塞は鋭い断崖の上にあり、前面は峡谷でまさに難攻不落の構えをしていた。ロレンスとしては、首都アカバを陥落させるには、この前面要塞を攻略するのが絶対に必要だった。以下ロレンスの手記を紹介すると、

● われわれはイブン・ジアドとその不屈の隊員

らに、日没のあとに攻撃するように説いた。しかしジアドは「今夜は満月だから夜襲はまずい」といって困難をいいたてた。しかし私はたまたまこの夜は月食だから月光は消失すると説いた。月食はその通りにおきて、アラブ部隊は損害も僅少で要塞の占領を果たした。一方トルコの兵たちはライフルを空に向けて放ち、銅の壺を打ち鳴らして、食われようとしている月を助けるのに懸命であった。

ここでもロレンスはコロンブスまがいに月食を利用している。

この月食はオッポルツェル月食番号四八三七番の皆既食だった。アカバ（東経三五・〇度、北緯二九・六度）で見たとして、この食の経過はつぎのとおり。時刻はアカバ平均時表示。

一九一七年七月四日 アカバ平均時	
欠け始め	二二時二四分
皆既始め	二三時二六分
生光	二四時五四分
復円	二五時五六分

食甚は七月五日の〇時一〇分で、食分一・五六という深い皆既月食だった。このとき満月は地球本影内に十分深く入ったから、月面は熟柿のように赤黒く染まったか、またはほとんど姿が見えなくなってしまっただろう。図3－9はこの食の経過を描いたものである。

この要塞が落ちた二日後の七月六日にはアカバが陥落している。そして一九一八年一〇月に、トル

図 3-10
A.D.680 XII 12、『日本書紀』にのる部分月食（飛鳥時）。

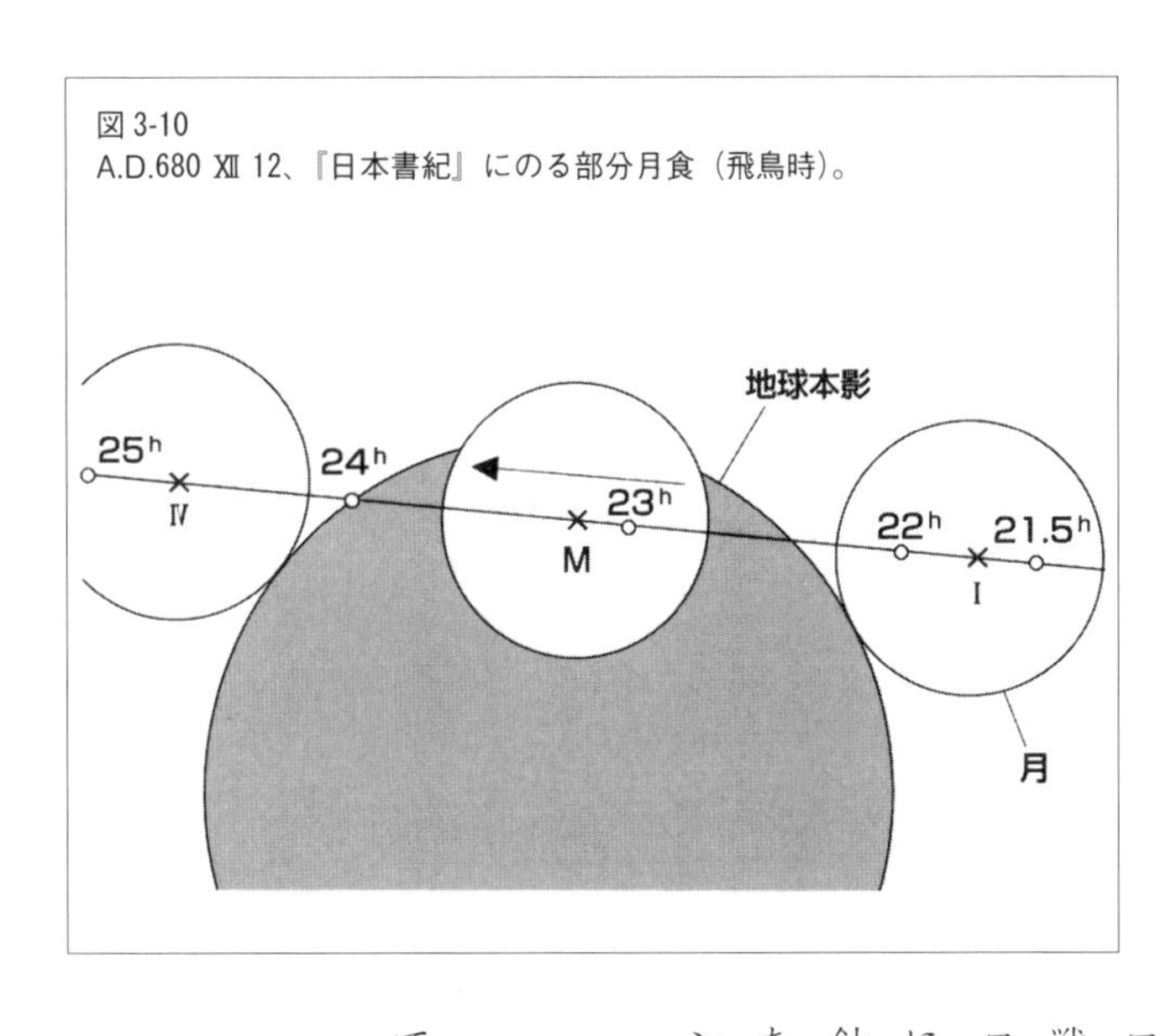

コはイギリスを含む連合軍に対して全面降伏をした。戦後になって、ロレンスは彼とともに戦った盟友ファイサルをイラク国王にするなどアラブ独立のために努めた。しかし、イギリス帝国の植民地主義の方針にさまたげられて、アラブ民族との盟約（すなわち独立）はなかなか果たされなかった。これがロレンス晩年の不満となったという。

『日本書紀』のなかの月食

翻ってわが国の古典のなかにある月食記事を調べてみよう。

まず、『日本書紀』のなかに、

● 天武天皇九年十一月丁亥（一六日、AD六八〇年一二月一二日）、月蝕えたり。草壁皇子を遣わして恵妙僧の病を訊わしめ給う。明る日恵妙僧終せぬ。すなわち三皇子を遣わして弔

わしめ給う（日本書紀　巻二九）

とある。ここでは月食を前兆として恵妙僧の死が述べられている。実はこの月の始めから不吉なことが重なって起きていた。すなわち、

●同月壬申朔（一一月二七日）、日蝕えたり。甲戌（三日、一一月二九日）、戌（二〇時）より子（二四時）に至るまで東の方明し。癸未（一二日、一二月八日）皇后体不豫し給う。すなわち、皇后のために誓願して始めて薬師寺を興す。よりて一百僧を度（出家）せしむ。これによりて安平を得給えり。罪を赦す。

とあり、日食などの天変と皇后罹病の記事とが先行して記されている。高貴な人の病気や死去には天変が併記される例が多いが、このときの月食は検算の結果本物であることがわかる。

この月食はオッポルツェル月食番号二九二二番の部分月食で、飛鳥京（東経一三五・八度、北緯三四・五度）で見たとして、食の経過はつぎのとおりだ。

六八〇年一二月一一日	欠け始め	食甚	食分	復円
飛鳥平均時	二一時四三分	二三時一〇分	〇・八五	二四時三八分

時刻は飛鳥京平均時表示。復円の時刻は翌日にずれこんでいる。図3-10はこの食の経過を描いたものである。

この月食は中国でも、

● 唐高宗・永隆元年十二月丁酉望、月食（唐会要）

と記録されている。ここで「丁酉」は「丁亥」の誤記だろう。しかし『旧唐書』・『新唐書』にはこの月食の記録はない。

『日本書紀』には、この月食のほかにもうひとつつぎのような月食記事があるが、これは検討の結果不審である。

● 皇極天皇二年五月乙丑（一六日、AD六四三年六月八日）、月蝕えたることあり（日本書紀　巻二四）

たしかにこの日にはオッポルツェル月食番号二八六三番という皆既月食があった。しかしこの月食は地球の裏側で見られる月食であり、日本では満月が西に沈んだあとに食が起こることになり、そのときに日本は昼になっていた。このように当地では見えない月食のことを、後世の暦算家は「昼月食」、または「他州蝕」と称した。すなわちこの月食は暦算上の月食だったのである。

日本では飛鳥時代に中国から暦書が舶来して、飛鳥朝廷の暦家はこれによって日食・月食の予報推算を試みているが、予報の失敗も多かった。この月食は予報をしてそれが失敗した例である。

『日本霊異記』

古代の月食記事（日食も）は、日本・中国・朝鮮を通じて「月有蝕之」・「日有蝕之」などと書かれる

図3-11
A.D.785 X 22、『日本霊異記』にのる皆既月食（京都時）。

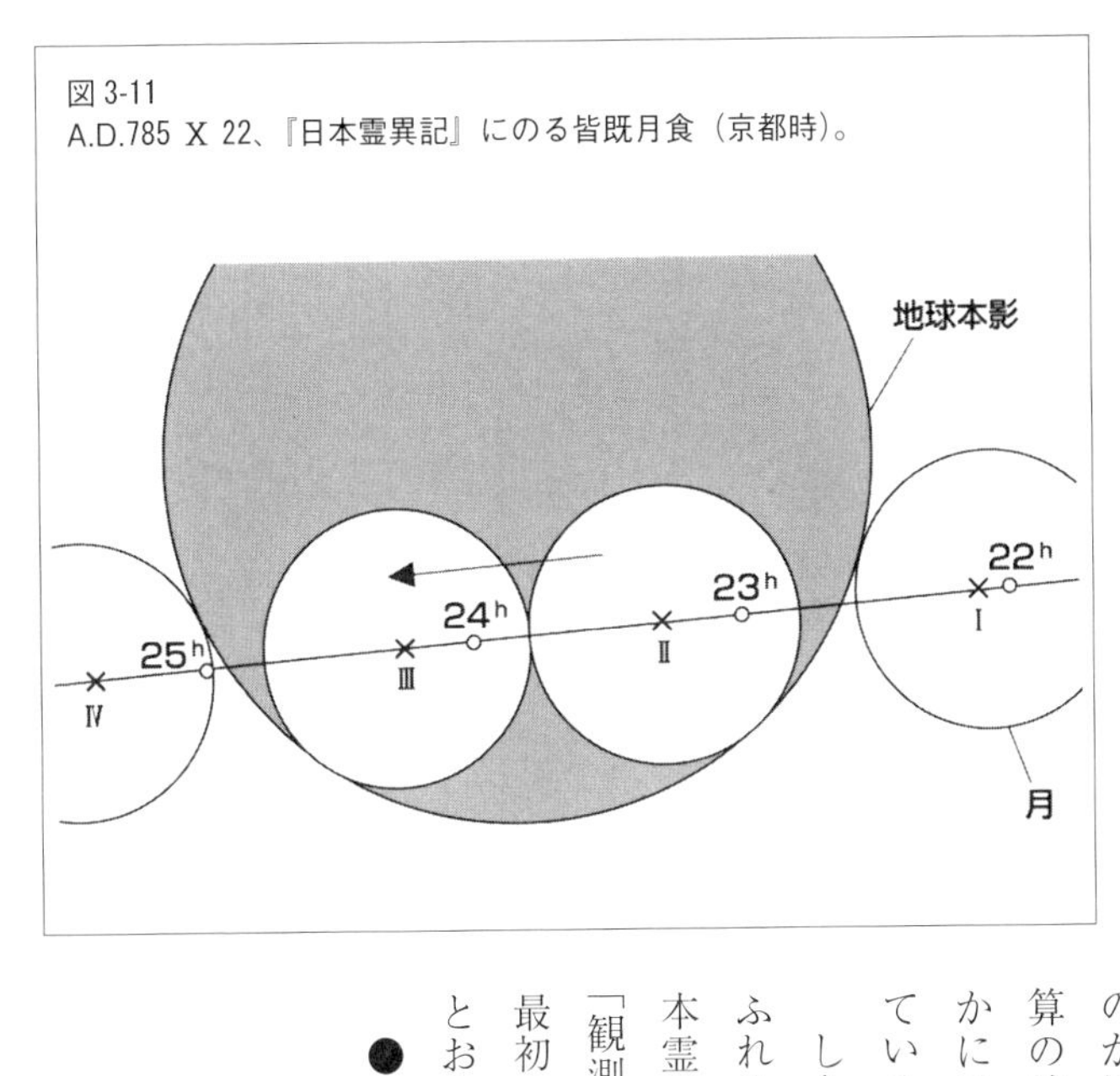

のが通例で、記述はひどく素気ない。これでは暦算の結果なのか実見した記録なのかが不明だ。なかには前例のように実際には見えない食も含まれている。

しかし後世になると、実際に見たらしい臨場感あふれる観測記録がポツポツ現われる。たとえば『日本霊異記』のなかには日本でもっとも古い月食の「観測記」が載っている。ちなみにこの書物は日本最初の仏教説話集である。それを引用するとつぎのとおり。

● 乙丑の年（桓武天皇・延暦四年、AD七八五年）の秋、九月十五日の夜に、竟夜（よもすがら）月の面黒く、光消え失せて空闇（くら）かりき。同じ月の二十三日の亥の時に、式部卿正三位・藤原朝臣種継　長岡の宮の嶋町に於いて、近衛の舎人・雄鹿宿禰木積・波々岐将丸のために射死（ころ）され

き。かの月の光の失せしは、是れ種継卿の死に亡せむ表相なりけり（日本霊異記　下巻三八）

同じところを『日本紀略』前篇下には、「両箭身を貫いて薨ず」と状況描写がさらに生々しい。歴史上有名な藤原種継の射殺事件も、このように月食によって予兆されていたと説かれている。

この月食はオッポルツェル月食番号三〇八五番の皆既月食である。検算によるこの食の経過はつぎのとおり。

七八五年一〇月二二日	欠け始め	皆既始め	生光	復円
京都平均時	二二時〇七分	二三時一八分	二四時一五分	二五時二六分

時刻は京都平均時表示。食甚時の最大食分は一・二〇ほど。図3－11はこの月食の経過を描いたものである。生光は翌暁である。

以上述べたように、日食・月食の出現は古来東西にわたってなにか大事件の発生を予兆すると信じられていたのである。

[参考文献]

ジョン・ステュワート・コリス『人間コロンブス』時事通信社、一九九二
ラス・カサス『インディアス史』岩波書店、一巻 一九八一、二巻 一九八三、三巻 一九八七
サミュエル・モリソン『大航海者　コロンブス』原書房、一九九二
中野好夫『アラビアのロレンス』改訂版岩波新書、一九七九
塩野七生『コンスタンチノープルの陥落』新潮社、一九八六
タキトゥス『年代記』世界古典文学全集　巻二二　筑摩書房、一九八七
『日本霊異記』「日本の古典」小学館、一九八九
佐藤明達「コロンブスと月食」『観測月報』巻一九、二号、一九八七
Donald W. Olson, “Columbus and an eclipse of the moon”, Sky and Telescope, October, 1992
BrADley E. Schaefer, “Lunar eclipses that changed the world”, ibid, December, 1992

第四章　ある幕府天文方の悲劇

江戸時代の文化・文政期に、江戸浅草司天台にあって活躍した幕府天文方筆頭・高橋景保（かげやす）（一七八五～一八二九）という人がいた。

のちにシーボルト事件に連座して逮捕され、取調べ中に獄死したこともあって、その後はその名も業績も久しく公表をはばかられた悲運の人であったが、戦後になってようやくその業績が見直されて、高等学校の教科書にも名前が載るようになった。

本章では、この人物の生立ちから悲劇的な最期に至るまでをまとめ、合わせて筆者の感想をつけ加えてみる。

高橋至時の子として

景保の父・高橋至時（よしとき）（一七六四～一八〇四）は、大坂城定番の足軽同心の家に生まれた。至時は幼少のころから算数を好み、数え年二四歳のとき麻田剛立（ごうりゅう）（一七三四～一七九九）に入門して、天文暦数を習い始め、メキメキとその才を発揮した。

たまたま、そのころ江戸の天文方が発表する日食の予報がしばしばはずれて、世人の非難を受けていた。そこで幕閣は江戸暦学の建て直しをはかるつもりで、至時を大坂から江戸へ招いたのである。景保はこの至時の長男として生まれた。

高橋家の簡単な系譜を示しておこう。

高橋作衛門至時（一七六四～一八〇四）
- 作助（のち作左衛門）景保（一七八五～一八二九）
- 善助（のち渋川助左衛門）景佑（かげすけ）（一七八七～一八五六）
- 女子三人

至時が幕閣から改暦御用を命ぜられて、江戸に下ったのは寛政八年（一七九六）のことだった。以後、彼は寝食を忘れるほどの苦労をかさねて、ついに「寛政暦」を完成した。そして、寛政一〇年（一七九八）二月には江戸での単身赴任をやめて、大坂から妻と二男三女を呼びよせて、浅草司天台（暦局ともいった）内に住むことができた。

享和元年（一八〇一）一二月に、至時の長男・景保は一七歳（数え年、以後も同じ）にして、昌平黌御学問所における漢文素読の試験に合格して、丹後縞反物二反という褒美をもらった。漢学のほかに、天文・暦数は、父至時の直接指導を受けた。享和三年（一八〇三）閏正月、至時は大坂に住む間重富（はざま）（一七五六～一八一六）あてに出した書信のなかに、

図 4-1
景保らが測量した火星衝の状況の再現

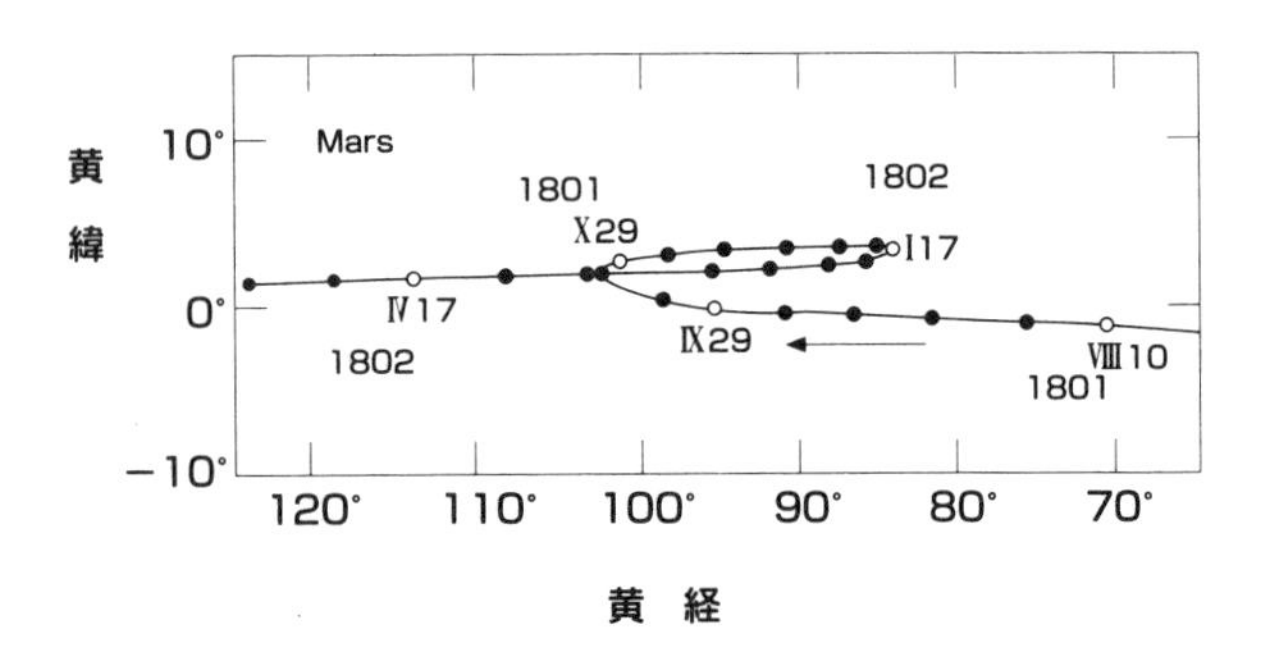

図 4-2
景保らが測量した木星・土星の衝の状況の再現

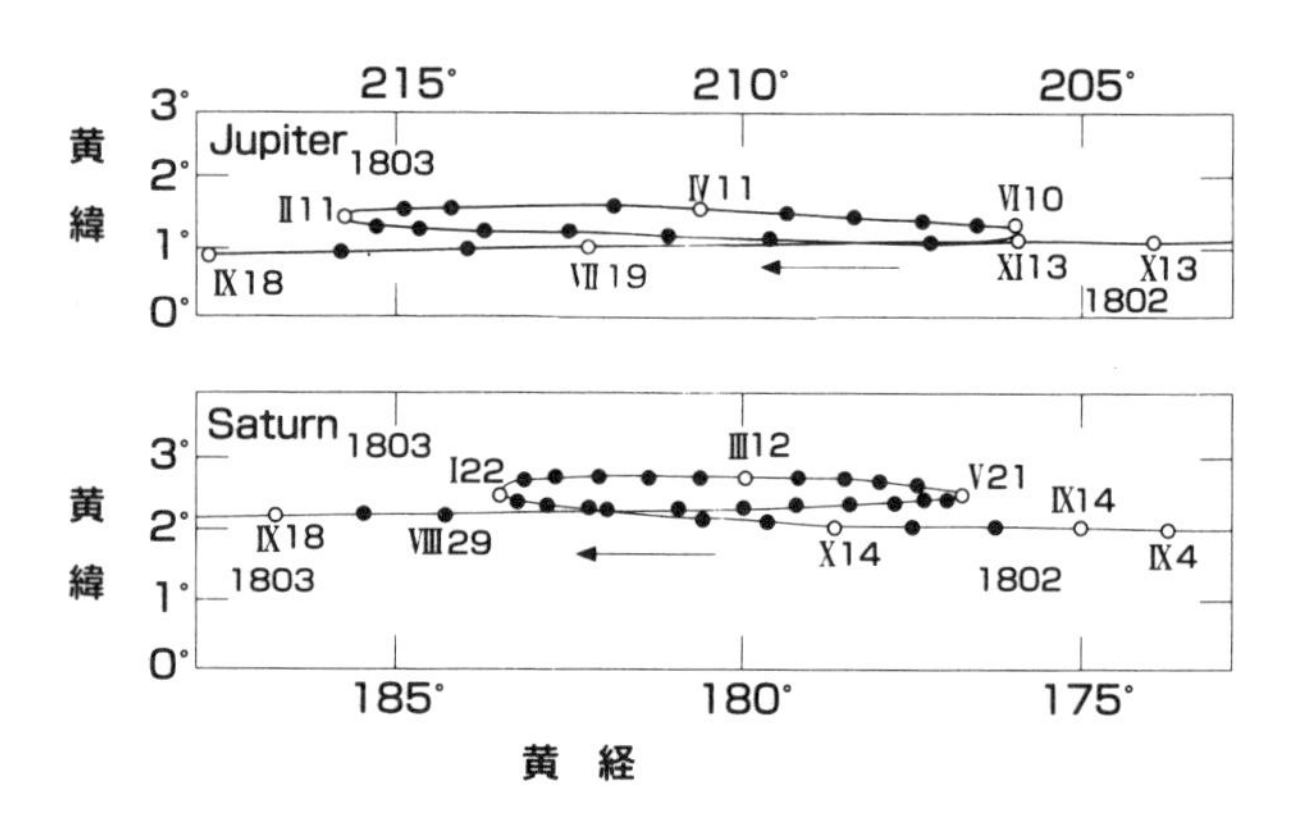

●去年（一八〇二）冬の火星退衡を測りました。この節は木・土の退衡を測量中です。幸いせがれも測量が好きのようで、子午線測量（星を使う時刻測定）も誤りなくできるようになりました。せがれ両人は下役らを相手に夜半に退衡を測っております。（星学手簡集）

などと記して、子煩悩なところを見せている。図4－1、2は景保や景佑らが測っていたという火・木・上の退衡（衝と同じ）の前後の天球上運行の様子を筆者が計算して描いたものである。

二代目天文方に昇進

父・至時は享和四年（一八〇四）正月に四一歳の若さで病没した。長年の肺結核のためといわれる。その年の四月に、長男景保が高橋家二代目の天文方にあげられ、作左衛門を襲名した。ときに景保二〇歳であった。以後、公文書などでは両者を区別するために、至時を「故（または先の）作左衛門」とし、景保を「当（または今の）作左衛門」としている。

景保は若くして天文学上の師である父を失ったので、幕閣は麻田剛立の高弟・間重富（前出）を江戸に召して、景保の専任教師を命じた。そのときに使った教科書に『暦象考成・後編』がある。これは西洋流天文学の漢訳書であって、惑星の楕円運動論をふくみ、景保は若くして当時もっとも近代的な天文学を身につけたことになる。重富は自らが知るかぎりの知識を景保にさずけ、景保もこれを熱心に吸収した。そして重富は重任を果たして文化六年（一八〇九）には大坂に帰ることができた。

当時、江戸には数家の天文方の同僚がいたが、彼らの天文暦学は中国伝統の旧式な知識であったから、景保は司天台内では断然他家を圧した存在となった。彼は非常に頭脳明晰であったが、性格がやや驕慢の兆があり、しかも新参の天文方でもあって、とかく周囲の人のそねみを買いやすかった。後世彼が蒙った悲劇の発生の根源はそこにあったように思われる。

ところで、これより先、下総国佐原の名主・伊能忠敬（一七四五〜一八一八）は齢五〇にして江戸に出て、高橋至時方に入門し、天文測量の実習に励んでいたが、やがて官許を得て、奥州東部および蝦夷（北海道）沿岸測量を開始した。そして文化元年（一八〇四）七月には「日本東半部沿海地図」を作製した。これは上司である景保の名で幕閣に上呈されて景保が褒賞を受けている。

至時の死後は、忠敬は役目がら景保の手付（下役）となって、全国の測量に乗り出しており、景保は中央にあって忠敬の測量事業の円滑な運営を助けた。

忠敬が九州地方を測量中に、景保が木星衛星の食の予報計算値を忠敬に送り、江戸の景保と出張先の忠敬とが、木星衛星の食を同時に観測して、両地間の経度差を求める企てを計画したこともあった。もっともこの同時観測はいろいろな手違いがあって成功はしなかった（伊能忠敬のおこなった天文測量については、拙著『古天文学の道』に詳しい）。

蛮書和解御用の設立

そのころ、蛮書つまりオランダ語の書簡や書籍などは、長崎奉行所の通詞らによっていちいち翻訳がなされたのち、江戸に報告されていた。しかし、景保は時局を見通して、このことは長崎の通詞を待つだけでなく、江戸に専門の部局を設けてそこでおこなうべきであると考え、このことを幕閣に建言した。文化八年（一八一一）五月、その許可がおりて一局が浅草司天台内に設けられた。これを「蛮（蕃）書和解御用」という。とりあえず長崎から通詞・馬場佐十郎や大槻如電が翻訳員として江戸に召し出された。

それまで江戸の蘭学は一家の私業のようなものであったが、ここに初めて官府の公事業となったわけで、この点で事業家としての景保の功績は大きい。この部局での第一の任務は海防の急に備えることだったが、かたわら蘭書の翻訳が続けられた。たとえばショメールの百科全書はここで翻訳されたもので、和名を『厚生新編』という標題がつけられている。

その後、この部局は「蛮書調所」、「洋書調所」、「開成所」、「開成学校」と改名されながら続き、幕末までのあいだ、西欧文化の輸入と国内普及のセンターとしての役割を果たした。明治維新ののち機構改革があって、その一部は東京大学・星学局となり、他は同大学・伝染病研究所として継承されている。それぞれ国立天文台と医科学研究所の前身である。

図 4-3
文化 12 年 11 月 16 日（1815 XII 16）の皆既月食。
江戸浅草と伊豆下田で 2 点観測を行った。（浅草時）

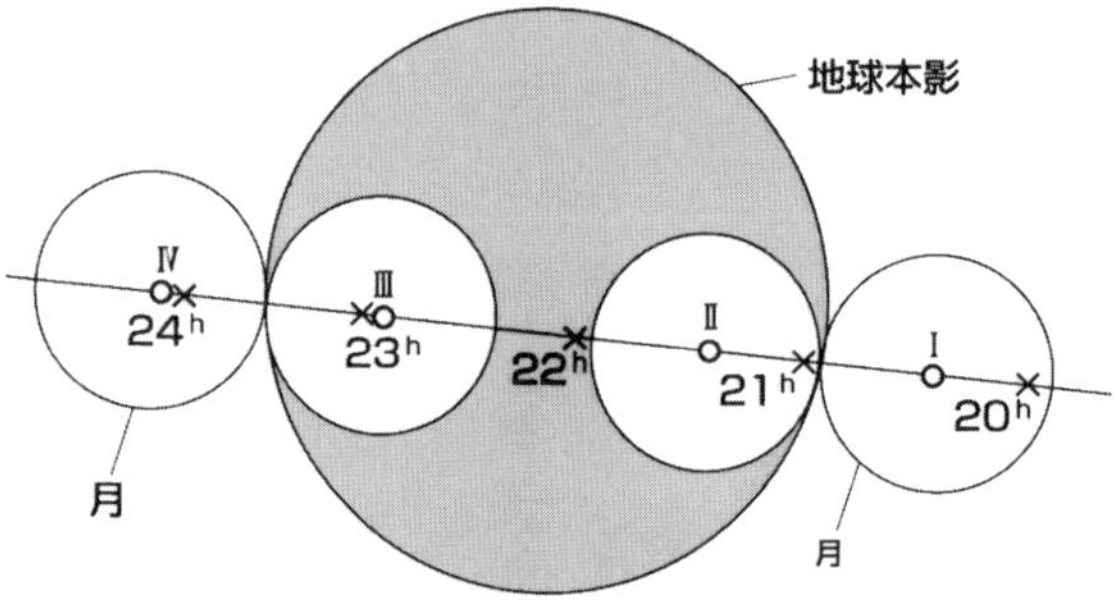

地球本影
IV 24h　III 23h　22h　II 21h　I 20h
月　月

不可能なことはないという意気

景保の天文観測としては、一八一四〜二七年の間に七回の日食観測をおこない、一八〇四〜二七年の間に一三回の月食観測をしている。

そのうちのひとつ、文化一二年一一月一六日（一八一五年一二月一六日）夜の皆既月食（月食番号四六七五）があったとき、景保の企画で、江戸浅草と伊豆下田との二地点で接触時刻の同時観測がおこなわれた。その目的は江戸と下田との経度差を求めるためであることは、すでに第二章のコロンブスのところで説明ずみである。観測を整約した結果、下田は浅草の西一度一六分と出た。現代の地図で計るとそれは五二分ほどだから、測量誤差は二四分（時刻にして一・六分時）だから、観測精度はそれほど悪くはない（月面に投ずる地球本影の縁はあまりハッキリしないためである）。このように景保はいろいろな新しい試みをおこなっている。

図4－3はこのときの月食の状況を再現したものである。時刻は浅草暦局における地方平均時表示。景保には、『彗星略考』（一八一一）・『古今彗星志』（一八二〇）などの著書もある。そのほかに楽器の笙を習い、その譜集四巻を残しており、彼の多才多芸ぶりの証拠となっている。

さらに驚くべきことは、景保の関心が天文・暦数・地理から離れて、満州語の修得とその研究へも向けられたことである。景保研究の第一人者である上原久氏の評価によると、景保生涯の研究量のうちわけは、満州語が八〇％、天文・暦数が一〇％、地理が一〇％だというから驚かざるを得ない。

満州語の研究とは、現代において考えると異様な選択に思えるが、景保が生きていた当時の中国を支配していたのは清王朝であった。清王朝は満州（中国東北部）から起こって、当時の中国全土を占有した非漢民族の国家であり、固有の満州語という国語・国字をもっていた。景保が満州語の研究を始めるキッカケとなったのは、あるとき幕閣から満州語の文書を示され、その訳述を命ぜられたことだった。

彼は、この未知の異言語に猛然と挑みかかり、文化七年（一八一〇）には「ロシヤ国呈書満文訓訳強解」なる翻訳書を作製して幕閣に上呈している。図4－4は上原氏の著書から引用した満州語文の一例

図4-4
満州文字の一例。

である。景保は好奇心が旺盛でかつ才能もあり、なにごとも自分にとって不可能なことはないという意気があった。

景保役宅炎上す

このような景保の意気に水をかけるような事件が発生した。文化一〇年（一八一三）二月二三日暁九ツ半に、浅草司天台内の景保役宅から出火して一家屋が全焼したのだ。火元は彼の役宅物置で、そこには日ごろ炭俵などが積まれてあった。火は夜半に音もなく燃え上がり、屋根を吹き抜けてしまい、家人や近隣の人が気づいたときには、すでに消火の時期を逸していた。

出火当夜は、間重富もたまたま役宅内に寝泊まりしており、火事と気づいて急ぎ、故至時が書き残した書類ノート三箱分を助け出した。景保も幕閣からお貸しさげの『ラランデ暦書』原本などを運び出そうと、雨戸を蹴破って家内に侵入したが、火煙は部屋部屋に満ち、頭髪が火の粉に焼けちぢれて、むなしく手を握り歯を咬むばかり、やむを得ず身をもって戸外に逃れたという。

この夜、景保役宅に宿直していた三人は、御役所内の垂揺球儀・御目鏡・地図・御用書物を多少持ち出したが、再度立ち入ることはできず、多くの御書籍や日記・御道工などを焼失してしまった。書斎にはまったく入る隙もなく、六年間の観測と研究の業績はひとしく灰と化した。

以上の詳細な記述は、景保から測量出張中の伊能忠敬にあてた書簡からの引用である。火災発生時の様子が手にとるように活写されている。彼の文才と筆まめなことを証するものである。

この記述によると、高橋役宅は執務室と居住区を含めて部屋数の多い一棟の長屋づくりであったらしい。浅草司天台敷地内には、山路・吉田など同僚天文方の役宅も別にあったが、これらは高橋宅とは離れていて類焼をまぬがれた。簡天儀・象限儀などの主要観測機器は別に高さ九メートルの土台上にあり、役宅からも遠くにあって無事だった。

景保の書簡では出火の原因について何も述べてないが、景保は責任上から幕閣へ辞職願を提出した。若年寄・堀田摂津守からはいったんは「遠慮」（出勤の停止）の仰せが出されたが、数日たってのち、「余人をもって代えがたい」旨をもって再勤務を命ぜられた。これはいささか景保の心を増長させる措置だったろう。

出張中の忠敬から江戸に留守中の娘・妙蓮にあてた書簡が残っており、それには、

● 高橋家はしばらく差控え（職務停止）になるのではないかと心配している。高橋氏は上のお覚えもよく、暦局四役中でも傑出しているので、ほかの役宅の妬忌（そねみ）もあったろう。高橋氏は勢いがすぎるようなので、書状を出すたびに、万事に恭謙（へりくだり）なさるようにと申しやっているのだが……。

と書いている。ここには忠敬が自分より四〇歳も年下の上司に対して、父親のような思いやりの情が述べられている。忠敬は日ごろ景保が才に走りすぎて、とかく同僚とのあいだに摩擦があったことをつねに懸念していたのだ。

ところで焼失した役宅は、同年一一月に新築されて、景保はここに移った。翌文化一一年（一八一四）二月、景保は書物奉行に昇進し、引き続き天文方を兼任した。書物奉行は天文方よりも役職が上席で、彼は暦局内では先任の天文方・吉田家を越えて、天文方筆頭になったのである。

そのときに景保から忠敬あての書状に、

● 去年二月には火事を出してガックリしたが、本年二月には吉事が出来（しゅったい）して、世の盛衰は計りがたいものだ。

と手ばなしで喜んでいる。彼は、やがてシーボルト事件によって奈落の底に突き落とされる運命が待っていることには、まったく気づいていなかった。

シーボルトとの接触

こののち、文政九年（一八二六）の春、オランダ商館長の一行が江戸参府に来た。そのときに景保は官許を得て、江戸長崎屋に止泊中の外科医官フォン・シーボルト（一七九六～一八六六）を三回も訪れている。それ以後も長崎通詞を仲介として、両人はいろいろ文通と贈答をかわしている。互いに自然科学者としての親近感があったのだろう。

そのような贈答のひとつと思われるが、文政一一年（一八二八）二月一五日に、シーボルトは通詞・吉雄忠次郎に託して、長崎から一個の小包を景保あてに発送した。それは、三月二八日に景保宅に着いた。包のなかには別に間宮林蔵（一七七五〜一八四四）あての贈り物も入っていた。景保は気軽にこれを林蔵のところへ届けてやった。間宮林蔵は伊能忠敬がやり残した蝦夷北辺の測量を補って北海道全図を完成し、また樺太（サガレン）島の沿岸測量をして、樺太が島であることを確認した人である。シーボルトはかねて林蔵の業績を高く評価していた。林蔵は贈り物を受けとったが、当時西欧人との交際は固く国禁であることを知っていたので、包みを開けずにそのまま奉行所へ届け出た。そこで奉行立合いのうえで開封してみると、なかからはちょっとした土産品とオランダ語がギッシリ書かれた書信が現われた。書信を蘭学者に解読させたところ、林蔵の測量を誉めているだけで他意はないとわかった。

しかしこのことがあって以来、景保が官に無断でオランダ人と文通していることが明らかとなり、彼の身辺には公儀お庭番・お目付けが徘徊するようになった。ところが、このような事態になっても、景保は日ごろ上司の覚えがめでたいことを過信して、行動を慎むことがなかった。

ここにひとつのハプニングが起きた。文政一一年（一八二八）八月九日夜半から翌暁にかけて、長崎港は暴風雨に襲われ、停泊中の船舶は大小の被害を受けた。そのなかにシーボルトが任期を終えて帰国する予定のオランダ船（コルネリウス・ハウトマン号）があった。この船は嵐のために浜辺へ打ち上げられて大破したので、積み荷はふたたび陸揚げされることになった。長崎奉行はこれらを「輸入品」と見なして改めて取調べをおこなった。すると伊能忠敬作製の日本地図の写しなど国外持ち出し禁止の品目が続々と発見されて、重大事件となったのである。事件はさっそく早馬をもって江戸へ報告された。

景保召捕り

『甲子夜話・続篇』の記述によると、景保召捕りは一〇月一〇日夜のことだった。猿屋町のほうと御蔵前のほうから、捕り方大勢が高橋役宅を取り囲んだ。夜陰のこととて御紋入り高張り提灯をかかげて物々しかったが、やがて高橋方からは青網をかけた駕籠がかつぎ出された。これは重罪人召捕りのときの通例である。景保はその夜は小伝馬町獄舎に収容された。

高橋家の家族や召使いたちは裸足で隣家に逃げ走り、せがれの小太郎は役所に留めおかれた。役宅内備品類は官物・私物を問わずいっさい封印され、貴重品は町奉行所に移された。それらの品目、数量についての詳細な記録書がいまも残っている。

評定所での取調べは、その夜を徹しておこなわれて暁に及んだ。景保はシーボルトとのあいだで地図のやりとりがなされたことを認めたが、これは国家百年の大計のためだと高言してはばからなかった。つまり犯行は「確信犯」であったのだ。

景保の言い分はつぎのとおりである。

彼は、かねてシーボルトがロシヤ人・クルーゼンシュテルンの世界一周記や蘭領東インド諸島の新図を所持しているのを知っており、これらを入手して翻訳し、幕閣に上呈したいものと考えていた。そしてシーボルトに譲渡を懇請していたが、なかなか承諾が得られなかった。そこでシーボルトが江戸に来たときに、じかにこの件を談じこんだところ、代わりに日本地図・蝦夷地図と交換するならば応諾すると言われた。

景保はこれらの品々が海外持ち出しができない国禁であることは十分に承知していたが、シーボルト所持の珍品をいま入手できなくては残念だと思った。そこで、独断で測量手付出役・下河辺林右衛門に申しつけてこれら地図の写しを仕立てさせ、二回にわたってシーボルトに手渡し、交換として前記書類を受け取った。

以上が評定所における景保の陳述である。

シーボルト著の『江戸参府紀行』のなかの一八二六年五月一五日付の日記には、
● グロビウス（景保は自らをオランダ名でヨハンネス・グロビウスと名乗っていた）来たりて、日本のいと美事なる地図を示し、私のためにこれを周旋しましょうと約束したが、のちにこれを果した。
と明記してある。

その後も引き続き景保の取調べがおこなわれたが、訊問に答えるさい、景保はしばしばオランダ語を発して取調べの役人を煙にまいたという。彼は出廷するたびに、

「オランダ人が参りましたぞ」

などと高声で呼ばわってはばからなかった。まことに意気軒昂と言うべきだが、彼には事態が急迫し

図 4-5
景保の死骸が塩漬けされた瓶の図。

ているという認識が欠けていたようだ。

景保が獄中から知人に送った所感のなかには、つぎのような狂歌があった。

● 御為めと思ひしものをはきだめへ
　捨てしまひつる高橋のはて

景保は、自分は邦家のために役立つことをやったのだから、判決は微罪か、一時的に大名お預け程度ですみ、やがてまた「余人をもって代えがたい」として復職がかなうものと、楽観していたのであろう。

景保獄死

小伝馬町の獄舎では、景保は九尺二間の部屋に附人と五人で入れられ、夜は灯りもなく、昼夜便所の臭いがするし寒くてしかたがない、と景保は友人への手紙で嘆いている。

景保の罪状吟味は引き続きおこなわれたが、翌文政一二年（一八二九）初めに、景保は獄中で病いを発し、次第に重篤となり、二月一三日には取調べにも出頭できず、その由の届けを出し、同月一六日早朝に死去した。死亡原因は不詳だが、景保は旗本直参の士分であるから、獄舎内の待遇は一般町人とは別格の扱いであり、もちろん拷問などは受けていないだろう。

景保の罪状詮議はまだ決着をみていなかったので、彼の死骸は証拠保存のため塩漬けにされ、大きなツボに入れられた。塩漬けというのは、尻の孔から竹のささらを突っこんで臓腑をすべてからみ出したうえで、口と尻とから大量の塩をつめこんだのちに、これを大きなツボに入れ、さらに大量の塩で外側を埋めるのだという。図4―5は景保が塩漬けされたツボを描いた当時の絵である。

文政一三年（一八三〇）三月、天文方・吉田勇太郎らは評定所へ出頭を命じられて、判決を申し渡された。判決文によると、オランダ船が難破したためご禁制の地図その他は幸いにも取り戻すことができたが、景保が国禁を犯したことはまことに不届きである。また調べによると官費の支払い方も紛らわしい点があり、身持ち（女性関係）もよくない。すべて旗本の身分にこれあるまじく……、と述べたすえに、死んでしまったから致し方がないが、「存命に候えば死罪」と申し渡された。これは景保としては思いもかけぬ極刑であっただろう。

判決のあと、死骸はツボから出されて、親戚に引き渡され、高橋家の菩提寺である源空寺（現在、台東区東上野六―一九）の墓地に葬られた。ただし罪人であるとして墓を立てることは禁じられた。景保の長男・小太郎（二四歳）は天文方見習いだったが、次男・作次郎（一八歳）とともに遠島。そのほかに、景保の手付九名も、それぞれ江戸十里四方追放・江戸お払い・押込め・手鎖り・叱りなどの処分を受けた。

高橋家はもちろん断絶となった。

実弟・渋川景佑の立場

景保の二歳下の弟・景佑（四四歳）の立場は微妙だった。

彼は父至時の次男であり、文化五年（一八〇八）に、天文方・渋川家（渋川春海以来の天文方の名家）の養子に迎えられ、渋川助左衛門を名乗っており、役宅も浅草司天台から離れて築地に居を構えていた。景佑は同じ天文方だったが、景保事件については、次席の吉田勇太郎が判決受領まで取りしきっていたから、景佑自身は評定所に一度も出頭することはなかった。事実、彼はシーボルト事件にはいっさいかかわりがなかったのだろう。

ところが、世人は景佑の立場を「君子危きに近づかなかった」と非難することがあった。しかし景佑は性勤直で、減刑工作などに奔走する才能はなかった。才気換発の実兄にくらべて、学者肌の景佑はその後も平穏な一生をおくり、『新巧暦書』・『新修五星法』・『霊験候簿』・『星学手簡』など多くの天文書を後世に残した。

さて、事件のもう一人の張本人であるシーボルトに対する処置はどうだったのだろうか。

景保逮捕に遅れること一か月、文政一一年（一八二八）一一月一〇日に、長崎奉行はシーボルトを訊問して家宅捜索をおこなった。翌年（一八二九）正月には四回にわたって家宅捜索と所持品押収がおこなわれ、四月と五月とには三回も厳重な訊問がなされた。そこでシーボルトが国禁を犯したことが明白となり、九月には国外追放の処分との発表があった。当時の日本では、西欧人に対してこれ以上の処分はできなかった。シーボルトが実際に長崎出島を離れたのはその年の一二月五日だった。

ところで、シーボルトにも景保と同じく罪を犯した意識はまったくなかったのであろうか、それは不明である。それから三二年の歳月が経ち、世のなかの情勢は大きく変わった。文久元年（一八六一）、シーボルトは幕府の政治顧問として招聘されて、ふたたび来日している。そしてそのとき初めて、景保やその他の日本人の友人たちがひどい運命を蒙っていたことを知らされたのであった。

シーボルトの日本地図

ところで、シーボルトがはたして日本地図を国外に持ち出していたのかどうかについては、推理小説にも似た興味がわく。これまでの有力な説としては、

（一）長崎奉行が日本地図を取り戻したからことなきを得ているわけで、国外へ持ち出されてはいない。

（二）シーボルトは通詞の急報に接し、家宅捜索を受ける前に、一夜にして地図の複写をつくった。この複写がひそかに国外へ持ち出された。

との二説がある。その後、朝日新聞（一九九二年四月五日の朝刊）には「日本地図、やはり持ち出して

図 4-6　シーボルトが持ち出した日本地図を発見したと報じる朝日新聞の記事。

1992年（平成4年）4月5日　日曜日　38146号　（日刊）

朝日新聞

シーボルト収集品から発見

日本地図やはり持ち出していた

江戸の禁制品、独で

オランダの財団が判定

江戸末期に来日したドイツ人医師シーボルトが、国外に持ち出したらしい精密な日本地図が、ドイツで見つかった。オランダのライデン国立民族学博物館とともにシーボルト収集品の整理をしてきたシーボルト・カウンシル財団（本部・オランダ）が発見した。禁制品だった日本地図の持ち出しをめぐっては、有名なシーボルト事件が起こり、地図は没収されていた。しかし、シーボルトが後年の著作『日本』で詳細な日本地図を掲載しているため、没収品とは別の地図があったのではないか、と考えられてきた。同財団では「今回の発見で、『日本』の地図の原版とみられるものを持ち出していたことが実証できた」と[illegible]

ドイツで見つかったシーボルトの日本地図の複写。京都を境に東日本と西日本の２枚に分けて描かれたうち、東日本の地図（シーボルト・カウンシル財団提供）

シーボルト事件

意義を持つ発見だ

長崎県立美術博物館学芸専門員、下川達弥氏の話

いた。江戸の禁制品、独でシーボルト収集品から発見。オランダの財団が判定」という見出しつきで、詳細な記事が出ている。

それによると、地図はシーボルトの息子の遺品のなかで発見された。現在フランクフルト近郊に住むシーボルトの子孫が、収集品と息子の遺品などを保管しており、一九九〇年に調査をしたさいに地図が見つかって、シーボルト・カウンスル財団で確認作業を続けていたとある。同財団の理事・秦新二氏（東京在勤）によると、ライデン博物館側と調査したところ、すでにオランダで見つかっていた木版画の簡単な日本地図とちがって、いくつかの点でシーボルトが持ち出した地図と判断できるという。以下地図の詳細な特徴をあげているが、ここでは省略する。

シーボルトは、後年の大作『日本』（"Nippon"）のなかに詳細な日本地図を掲載しているが、今回発見された地図は『日本』所載の地図の原版と見られるという。図四4－6は朝日新聞記事からのコピーである。

〔参考文献〕

上原久『高橋景保の研究』講談社、一九七七
大谷亮吉『伊能忠敬』岩波書店、一九一七、複刻は名著刊行会、一九七九
保柳雅美編著『伊能忠敬の科学的業績』古今書院、一九七四
上原久・小野文雄・広瀬秀雄『天文暦学諸家書簡集』講談社、一九八一
渡辺敏夫『近世日本天文学史（上・下）』恒星社厚生閣、一九八六／八七
呉秀三『シーボルト先生——其生涯及功業』第二版、吐鳳堂書店、一九二八
有坂隆道『日本洋学史の研究』（星学手簡の紹介と複刻）創元社、一九七〇
板坂武雄『シーボルト』吉川弘文館、人物叢書、一九八九
斉藤国治「天文方・高橋景保の悲劇」『星の手帖』巻五一、星の手帖社、一九九二

第五章　江戸中期の初学天文書

江戸時代の天文入門書

馬場信武著『初学天文指南』という本がある。江戸時代なかごろの宝永三丙戌年（一七〇六）に出版された。木版刷り、全五冊。袋とじで、サイズは縦二三センチ、横一六センチ、全一三三葉。

筆者の私蔵本にはその奥付に「皇都書房石田治兵衛、浪速書房橋本徳兵衛・前川嘉七」とある。国立天文台図書庫の蔵書には「大坂書林藤屋徳兵衛・田原屋平兵衛」とあり、箕輪敏行氏（川崎市）の所蔵本には「江戸芝神明前岡田嘉七ほか五店、京三条御幸通り吉野屋仁兵衛、大坂心斉橋通り北久宝寺町河内屋源七郎板行」とある。奥付以外はいずれも同一版木によって刷られたようで、刊行年はいずれも宝永三年。三都の複数の書店から同時発売されたのだから、当時のベストセラーといえるだろう。

本章では、この、江戸時代中期に広く庶民に読まれた一般天文の入門書がどのような内容のものかを調べてみよう。

著者については、『日本諸家人物誌』（寛政一二年〈一八〇〇〉）に、

●姓は馬場、名は信武、字は某。京師の人なり。易学および兵学を以て彰る。

とある。『国書総目録・補訂版』（岩波書店　一九九一）には、

●一名を尾田玄古といい、易学・天文学の著書多く、『初学天文指南』をはじめ、『易学啓蒙図説』（元禄一三年刊）・『看命一掌金和解』（宝永二年刊）・『書経天文指南』・『同図解』・『諸説弁断』（ともに正徳四年刊）・『天文図説』（正徳六年刊）などがある。……

と、合計三一冊の書名を掲げている。これらを通覧すると、ぜんぶ易学と天文学の著書であるから、前掲の『諸家人物誌』に「兵学」とあるのは誤植であり、おそらく「天学」のことだろう。江戸時代には天文学は「天学」と呼ばれていたから。

江戸中期の天文入門書としては、『初学天文指南』のほかに『天経或問』が有名だ。この書は明末清初（一六四〇年ごろ）の人・游藝（游子六とも）の著である。游藝は学をイタリア人宣教師セバスチーノ・デ・ウルシス（一五七五～一六二〇）に受けた。このイタリア人は中国名を「熊三抜」と名乗った。この書は中国伝統の天文知識に西洋流天文学の知識を加味したもので、宇宙観はカトリック系の天動説である。

『天経或問』は長崎通詞の西川正休（一六九三～一七五六）が享保一五年（一七三〇）に、中国の原書に訓点を施し、三巻本として刊行したもので、以後日本中に広まった。そのほかにも当時の中国では、一般天文学書・天文儀器図解書などがいろいろ刊行されて、それらがいっせいにわが国に入ってきた。馬場信武はこれらを種本として著述をまとめたのだと思われる。

ところで、馬場の『初学天文指南』は一七〇六年の刊行であり、『天経或問』の一七三〇年刊行より二四年も早く世に出ているのだから、彼の著作は中国の原典に拠ったものであり、西川正休の訓点本には関係ない。つまり『初学天文指南』のほうが当時の天文ブームのはしりであったといえるだろう。

馬場は元来が易学者だったので、本書では易学の知識をおおいに取り入れて天文現象を解説している。たとえば、

●昴（すばる）は七星なり。度は十一度三十分。……昴の中にある大星（おうし座エータ星のこと）明らかなれば吉、暗ければ凶。その外なる六星明らかなれば死多し。一星見えざれば天下に大水あり。七星みな明らかなれば大いに凶なり。

などと不条理なことを真面目に書いている。これらは「雑占」の一種だ。彼にとっては自然科学と天変思想とがまだ分離されていない。この点、『天経或問』は陰陽易占思想を揚棄しており、十分に自然科学の立場に立って叙述がなされている。

以下、『指南』の内容の解説に入ろう。

中国古代の天文儀器

中国古代の天文儀器として、第一に登場するのはつねに璿璣玉衡という器械である。

璿とは美しい珠、璣は機と同じ、玉は美称、衡は横梁の意味である。その全貌は図5－1のとおりで、

図 5-1
璿璣玉衡図。

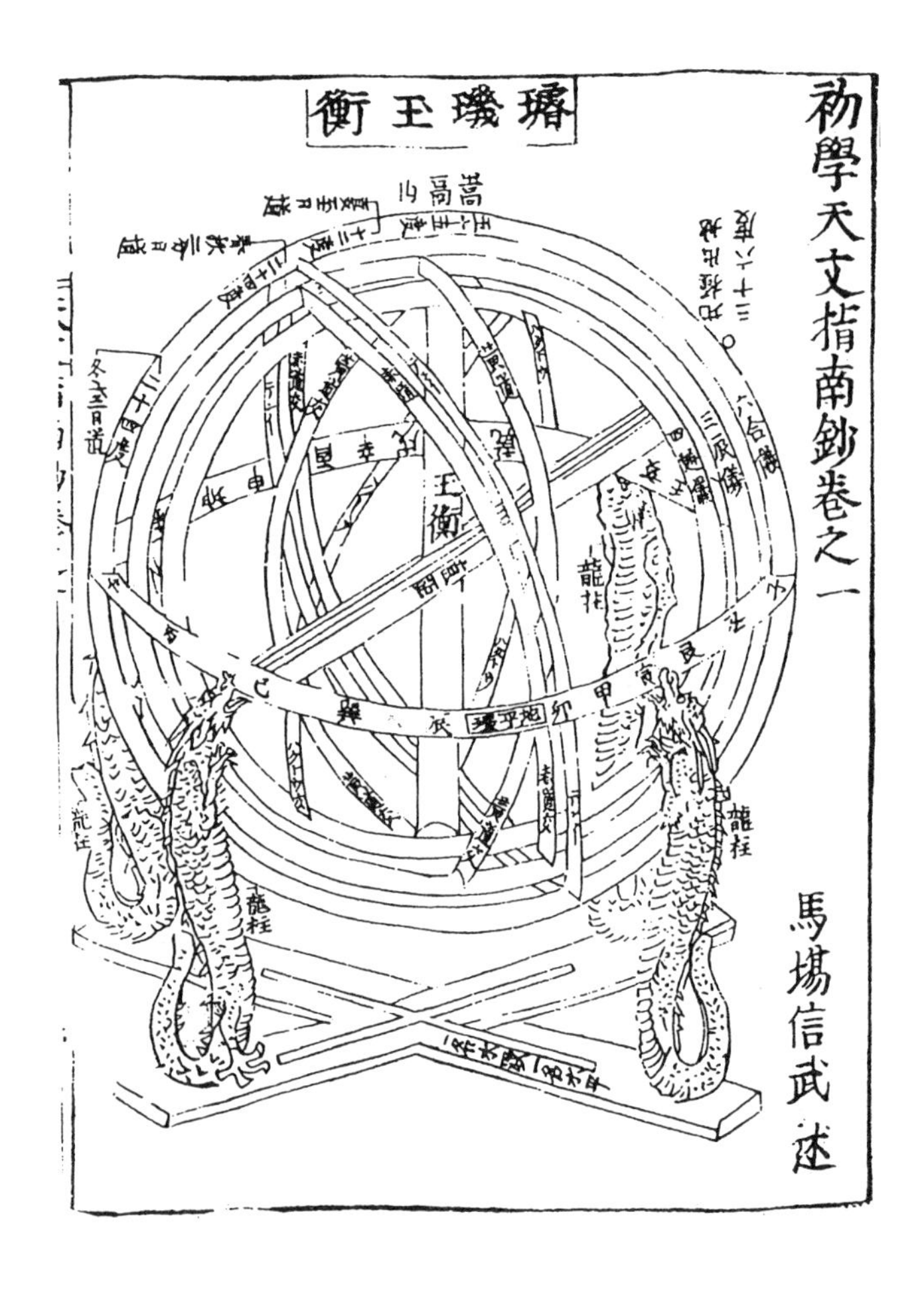

一見たいへん複雑微妙な構造をしているが、要するに古代の赤道儀である。その機構の主要部分は赤道環・赤緯環と直距・玉衡であり、図では黄道環・白道環までごてごてついているが、これらは単なる飾り物。この飾り物を取りはずして実用的にしたのが「簡儀」であり、実際の天文観測はもっぱら簡儀でおこなわれた。

馬場信武の璿璣玉衡に関する解説文はひどく難渋で理解しにくい。これを現代風に説明すれば、図中に記す直距（赤道儀の極軸に相当する）の中央部に、極軸に直角な軸のまわりに回転する玉衡（観測筒に相当する）がついていて、両軸をそれぞれ回転すれば観測筒を任意の赤経・赤緯方向へ向けることができる。赤道環と赤緯環には目盛りがついているから、それぞれ角度数を読みとることができる。

外側の環の直径は八尺（二四二センチ）とかなり大型だ。図には直距の北極出地角（北極高度）が三六度と書いてある。一番外側には地平環と子午環とがあり、地平環は四頭の竜を形どった柱で支えられている。この儀器は後代には一般には「渾天儀」と呼ばれている。

太陽の南中を測る圭表（日時計）

太陽の南中を観測することは、古代から天文観測の重要項目の第一だった。これに使う儀器が圭表である。圭は「計」と同意で、表は直立する柱のこと。表柱の根元から地上に真北に向けて目盛り板を装着したのが「圭表」であり、日時計の原形である。

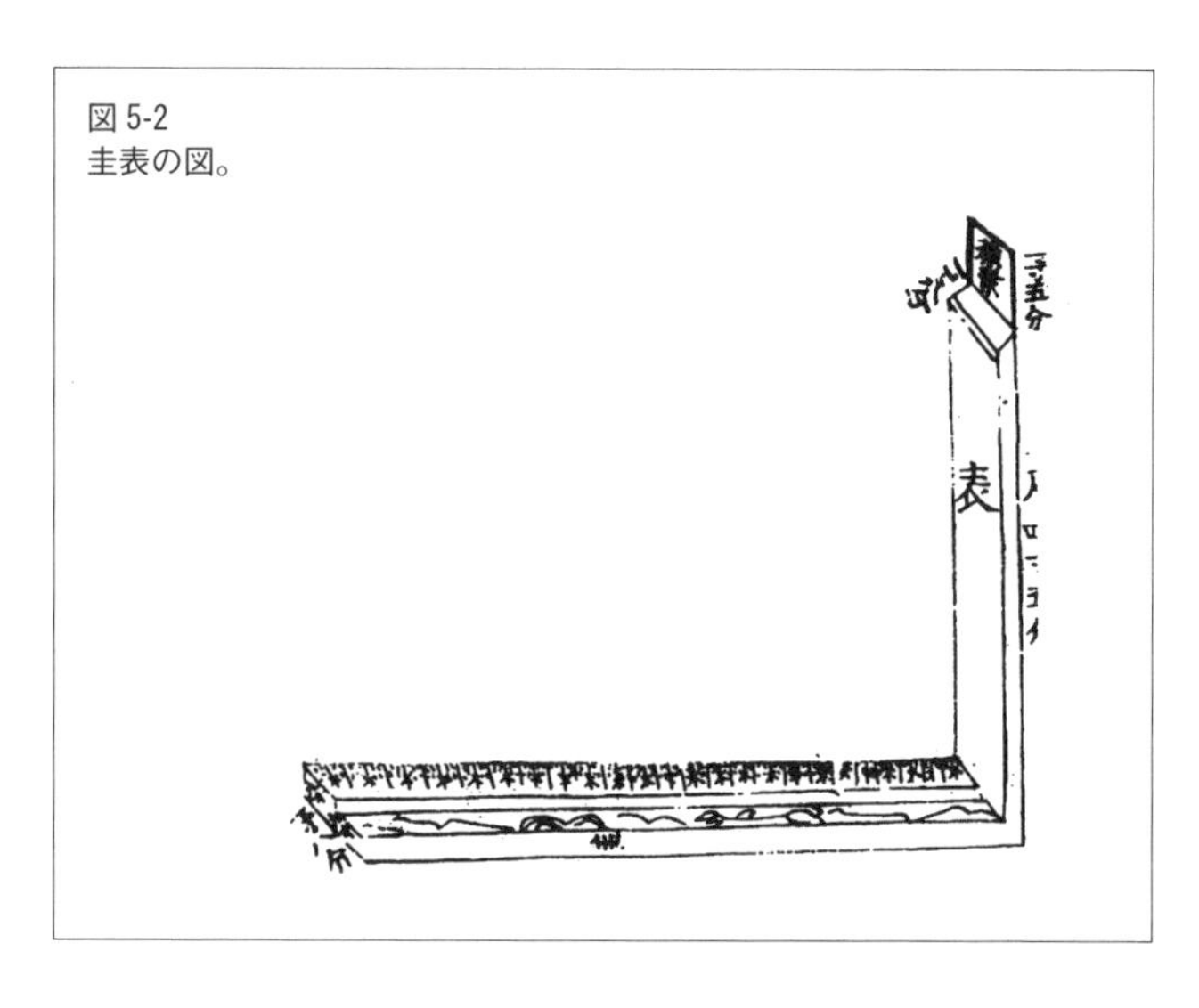

図 5-2
圭表の図。

図 5-3
河南省登封県告成鎮にある周公測景台（圭表）の図。

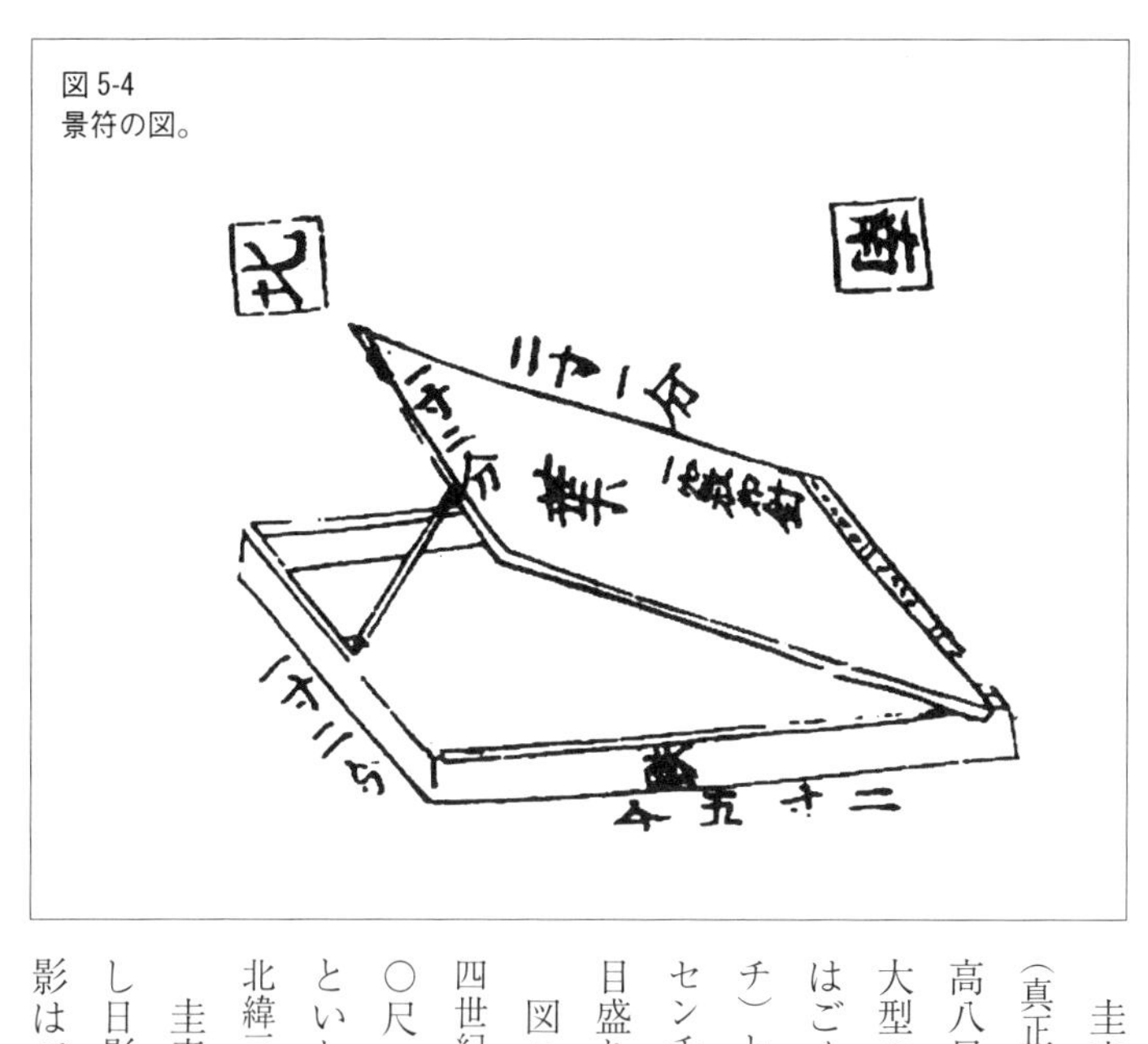

図 5-4
景符の図。

圭表は日影の長さを測ると同時に、日の南中時（真正午）を知ることができる。古文献にはよく「表高八尺」と書かれているが、後世になると八尺より大型のものも、小型のものもつくられた。図５－２はごく小型の圭表で、表高一尺四寸五分（四四センチ）と書いてある。表の頂上の上一寸五分（四・五センチ）のところに横梁を設け、横梁の影が圭板の目盛り上に投ずる位置を計測する。

図５－３は大型の圭表で、中国・元の時代（一四世紀）に建てられたといわれるもので、表高が四〇尺（一二メートル）ある。これは「周公測景台」といわれ、河南省登封県告成鎮（東経一一三・一度、北緯三四・四度）に置かれている。

圭表は原理が簡明で、取扱いが簡便である。しかし日影はつねに半影をともなうため、圭板上の横梁影はボンヤリ写ってしまい、正確に目盛りを読みとれないという欠点がある。それを補うためには「景符」という補助具を使った。馬場信武は景符を図5－4のように描いているが、その使い道の説明がない。図中の「葉」と書いてある斜め板には中央に小孔が穿たれていて、これがピンホール・カメラの原理で太陽像と横梁との像を目盛り板上に結像させるのである。太陽像の中央を横梁像が正しく横切るときの横梁像の位置を目盛りから読みとればよい。そうなるように景符を移動させて調節する。斜め板は傾斜を調整して日光が板面に直射するようにするとよいという。

この景符の原理は元の天文学者・郭守敬（一二三一～一三一六）の発明といわれる。レンズ系光学機械が誕生する以前の発明である。

夏至と冬至の日影の測量

圭表を使っておこなう観測項目のひとつは、冬至・夏至の日影の測量である。馬場はつぎのような測量例を掲げている（彼は出典を明らかにしていない）。

一、中国・前漢のころ（前一、二世紀）に陽城（前記の告成鎮と同所と考えられる）の地は「地中」と称して、中国全土の測量原点と定められていたが、ここに八尺の表を立てて日影を測ったところ、冬至の日には一丈三尺、夏至の日には一尺五寸であったという。

二、元の時代に、京師であった大都（現在の北京）でおこなった測量では、八尺の表を使って冬至の日には一丈五尺九寸六分、夏至の日には二尺三寸四分であったという。

三、本朝の京都での測量では、八尺の表を使って、冬至の日には一丈六尺二寸八分、夏至の日には二尺であった。

馬場はこれら三件のデータを提示したにとどまっているが、これらの数値を使うことによって、簡単な三角法の計算から、それぞれの土地の緯度を求めることができる。あわせて測量の精粗まで知ることができる。その結果をつぎに列記してみよう。

観測地	時代	黄道傾斜角 ε	観測地の緯度 ϕ		
			冬至値から	夏至値から	地図から
中国・陽城	前一、二世紀	二三・七度	三四・七度	三四・三度	三四・四度
中国・大都	一三、一四世紀	二三・五度	三九・九度	三九・七度	三九・九度
中国・京都	一七、一八世紀	二三・五度	四〇・三度	三七・五度	三五・〇度

なお、各時代における日影の傾斜角だけが問題なのだから、「八尺」の実長を知る必要はない。また

黄道傾斜角εの値は夏至における太陽の赤緯値でもある。第四欄は冬至の日影長測量値から観測地の緯度φを導いたもの、第五欄は同じく夏至における観測から導き出した値、そして第六欄は地図上から読みとった観測地の緯度値である。

これを通覧すると、中国の測量はふたつともにかなり優秀であるが、日本の馬場が提供している測量値ははなはだしく見劣りがする。馬場としては後世にこんな検証をされるとは思っていなかったかもしれない。

冬至の日時の決定法

中国では古来冬至を一年の基準点としていたので、冬至の日時の決定は暦学上に重大な問題とされた。その期日は太陽南中時に圭表のさす日影がもっとも長くなるときとされていた。しかし詳しくいえば、太陽の赤緯がもっとも南の限界に達した日時が冬至の日時であるわけで、それはかならずしも真正午、すなわち太陽の南中時に起きるとはかぎらない。したがって、南中時の日影長だけを測る圭表という測量器械では十分とはいえないのである。

この問題については、中国・劉宋の時代に祖沖之（四二九～五〇〇）によってひとつの解法が見つかっている。馬場は祖沖之の方法を解説するにあたって、わが国の元禄五壬申年（一六九二）を例にとって、具体的にこの年の冬至の日時を決めてみせている。馬場は、まずつぎのような三つの測量データを掲げる。

一、元禄五年一一月七日壬子（一六九二年一二月一四日）の真正午の日影値として三・二三二七尺を得た。
二、同じく一一月一九日甲子（一二月二六日）の真正午の日影値として三・二四尺を得た。
三、同じく一一月二〇日乙丑（一二月二七日）における値として三・二三尺を得た。
ここで、一の日影長が二、三の日影長の中間に納まるように日付を選択することが好ましい。

これに続く馬場の解説文は例によって難渋なので、図5－5を使って現代風に説明を加えることとしよう。

図において、縦軸は月日（陰暦）、横軸はそれぞれの日の真正午時の日影の長さを示している。（1）・（2）・（3）を通る日影曲線は冬至点で最長になり、その前後では冬至点を軸として上下対照的となる。まず、（1）から下へ直線をおろし、（2）・（3）のあいだの日影曲線と交わる点を（4）とする。（4）の日時は（2）・（3）のあいだで内挿法で計算すれば、一一月二〇日の卯正刻（午前六時）が得られる。冬至の日時は、（1）と（4）とのちょうど中間点であるはずだから、それは一一月一三日の亥初刻（一二月二〇日二一時）となる。これが馬場の結論である。時刻は京都真時表示。

なお、同書には、同年の貞享暦算値として同日戌七刻（一二月二〇日二〇時四一分京都真時）と併記してある。また中国の授時暦算値として、同日戌初刻（一九時）を紹介している。これは陽城真時表示であろう。貞享暦と授時暦との時刻のちがいは京都と陽城とのあいだの時差（一時間三三分）を修正すればほぼ解決される。

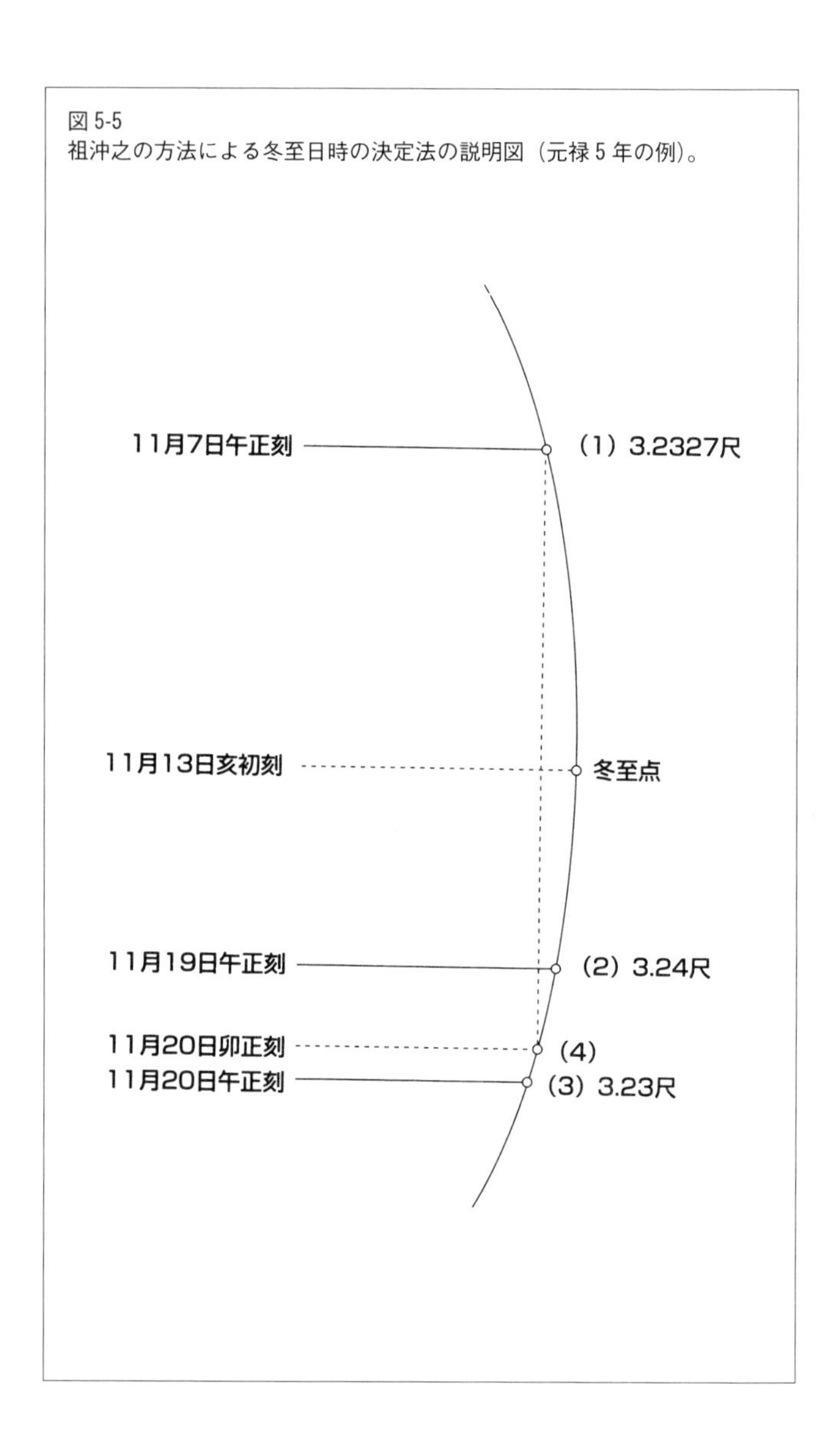

図 5-5
祖沖之の方法による冬至日時の決定法の説明図（元禄 5 年の例)。

一方、筆者は古天文学計算によって、この年の冬至の日時として、一六九二年一二月二一日の午前三時四九分（京都平均時）を得た。念のためにジンジャーリッチとウェルザーの『日月惑星位置表』（一九七三）から内挿したこの年の冬至の日時を京都平均時に換算すると一六九二年一二月二一日の午前三時四六分となって、両者はよく一致する。だからその値には自信があるのだが、馬場の値・貞享暦の値・授時暦の値に較べて六時間も遅いことに当惑と疑問を覚えている。

さらに馬場は、同年の夏至の日時についても同様の手続きによって、五月七日の卯正刻（一六九二年六月二一日午前六時）を得たという。この値は筆者およびジンジャーリッチ表から得られる同日午前〇時二〇分とのあいだに逆センスに六時間の偏差が生じていて、ますます不審である。

最後にひと言。図5－5において日影曲線が冬至点を軸として上下対称的になるのは、近日点通過日と冬至日とが同一日であるときにかぎられる。現在では近日点通過日は一月二日ごろ、冬至日は前年一二月二三日ごろで、両者のあいだには一〇日ほどのずれがある。つまり、図5－5の日影曲線は冬至点を軸として上下対称的ではないはずであり、祖沖之の法は厳密には使えないと説く人がある（天文史家の中山茂氏）。

しかしこの点を実地に検算してみると、この非対称性から生ずる誤差は現代でもたかだか三〇分であり、あまり問題になる量ではない。しかも古代においては、冬至日と近日点通過日との隔たりは現代よりもずっと少なかったから、当時祖沖之の法は十分の精度で合法的であったと言えるだろう。ちなみに、冬至日と近日点通過日とが正しく一致するのは一二五〇年のころだった。
さらに細かいことを言えば、（2）・（3）のあいだの曲線を直線とみなして内挿計算をしたことから生ずる誤差は一五分以内である。

山海輿地論

『初学天文指南』では、すでに「地球」という文字が使われているから、大地が球形であることは承知していた。そこで、地表に立って北を向いて二五〇里旅行をすると、天球上の北極点は一度高く見え、南を向いて二五〇里旅行をすると天の北極点は一度低く見えるという。そうであれば、地球の全周は九万里であると結論することができる。これは二五〇里に三六〇を掛ければ得られる数値である。ただし、ここでいう「里」とは中国里のことである。

ところで、驚きに価するのは図5－6だ。これは「山海輿地図」と称されるが、つまりは世界地図である。まず東アジアのなかに大明国・日本・琉球・海南島・フィリピン諸島の島々・大瓜哇（じゃわ）島・小瓜哇島などが見え、これらはわりによく描かれている。しかしヨーロッパ大陸となると、欧羅巴の字に「ヲランダ」、佛耶の字に「インケレス」などとルビがふってあるのがまず不可解。また、アフリカ大陸は「利未亜」（リビアか？）ですべてを代表させているなど、西洋事情にはなはだ疎い地図製作者の筆になっている。ところが南北アメリカ州の描き方はそんなに悪くはない。ことに南米のアマゾン河とラプラ

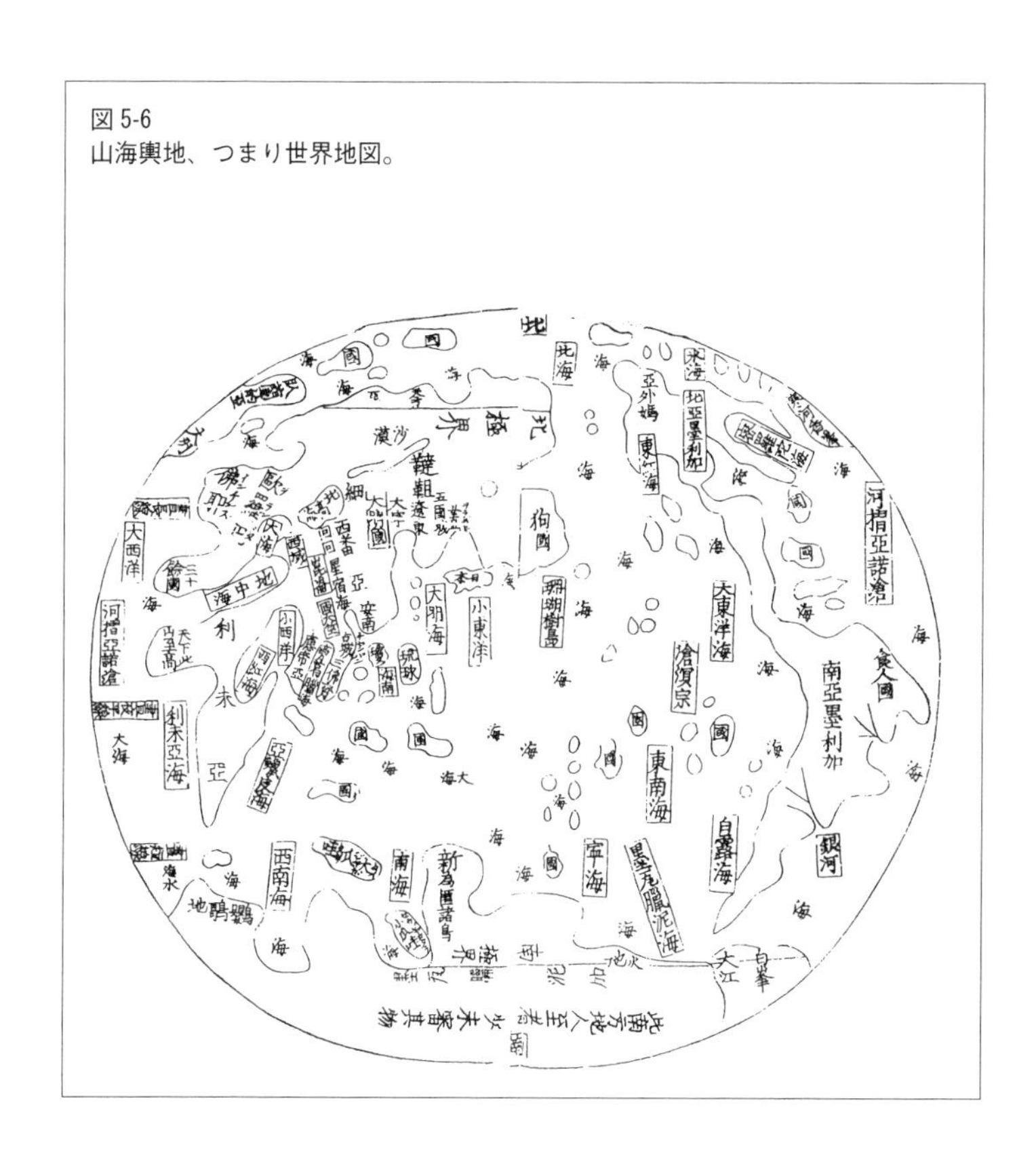

図 5-6
山海輿地、つまり世界地図。

夕川の二大河系が支流まで詳しく描きこまれているのは傑作である。

地図最南の緯度帯には「この南方地は人の至れるもの少なく、いまだそのものを審(つまび)かにせず」と断り書きがしてある。この世界地図の出所がどこなのか知らないが、眺めているだけで愉快になる世界地図だ。

また、『初学天文指南』では、地球を大宇宙の中心におき、日月惑星および恒星天までの距離としてつぎのような数値を掲げている。

太陰天（月）まで　　　　四八万二五二二里余
水星天まで　　　　九一万八七五〇里余
金星天まで　　　　二四〇万〇六八一里余
太陽天まで　　　　一六〇五万五六九〇里余
火星天まで　　　　二七四一万二一〇〇里余
木星天まで　　　　一億二六七六万九五八〇里余
土星天まで　　　　二億五七七万五六〇里余
恒星天まで　　　　三億二二七六万九八四五里余
宗動天まで　　　　六億四七三三万八六九〇里余

このように数字をたくさん並べて「鬼面人を驚かす」流儀は中国の天文暦数家の常套手段だ。ここで宗動天というのは、恒星天の外側にあって、諸天を帯同して東から西へ一日に一周する天球だと説いている。

刻漏制度

中国の時刻制度は古くは、

● 黄帝漏水を創りて器を制し、もって昼夜を分かつ。

という伝説にまでさかのぼる。図5－7は古制の漏刻図である。四個の水槽が上から下へ階段状に並び、順に夜天池・日天池・平壺・万分壺の名がある（図中に「地」とあるのは「池」の誤記）。漏水は銅製の渇烏（かつう）というサイフォンを通って順に下槽に移り、最後には「水海」に溜まる。水海には目盛りのついた「浮箭」が直立して浮いている。図5－7では水海のかたわらに人形が立って浮箭を支えている。流水の量に応じて箭が浮上して、ときの経過を知らせる仕掛けである。水槽の数を増せば水流の速度が均一になると期待されていた。

前漢のころ（BC一、二世紀）には、一昼夜を一〇〇刻に分割していたが、漢末・哀帝のころには一二〇刻に、梁・武帝の大同一〇年（五四四）には一〇八刻になった。しかし唐代（七～九世紀）にはふたたび一〇〇刻制にもどった。それとは別に、一日を一二辰刻とする区分法もおこなわれていた。一辰刻は現用の二時間にあたる。

『初学天文指南』の説明によると、漏刻備えつけの浮箭の数は四八本。一年を二四節気に分割し、一日を昼漏用と夜漏用に分けたから、合計四八本の箭を必要としたという。しかし中国の史書を調べると、浮箭の数は四八本とは限らない。『後漢書』「律暦志」では二五本とし、『隋書』「天文志・上」は四一本とし、『宋史』「天文志・一」はただの一本としている。

浮箭の数が多数あることは、当時不定時法の時刻制度がおこなわれていたことを証拠づけるもののようであるが、かならずしもそうではなく、まだ不明の点が残っている。この点は小著『日本・中国・朝

図 5-7
古制の漏刻。右端にはたくさんの箭が立ててある。

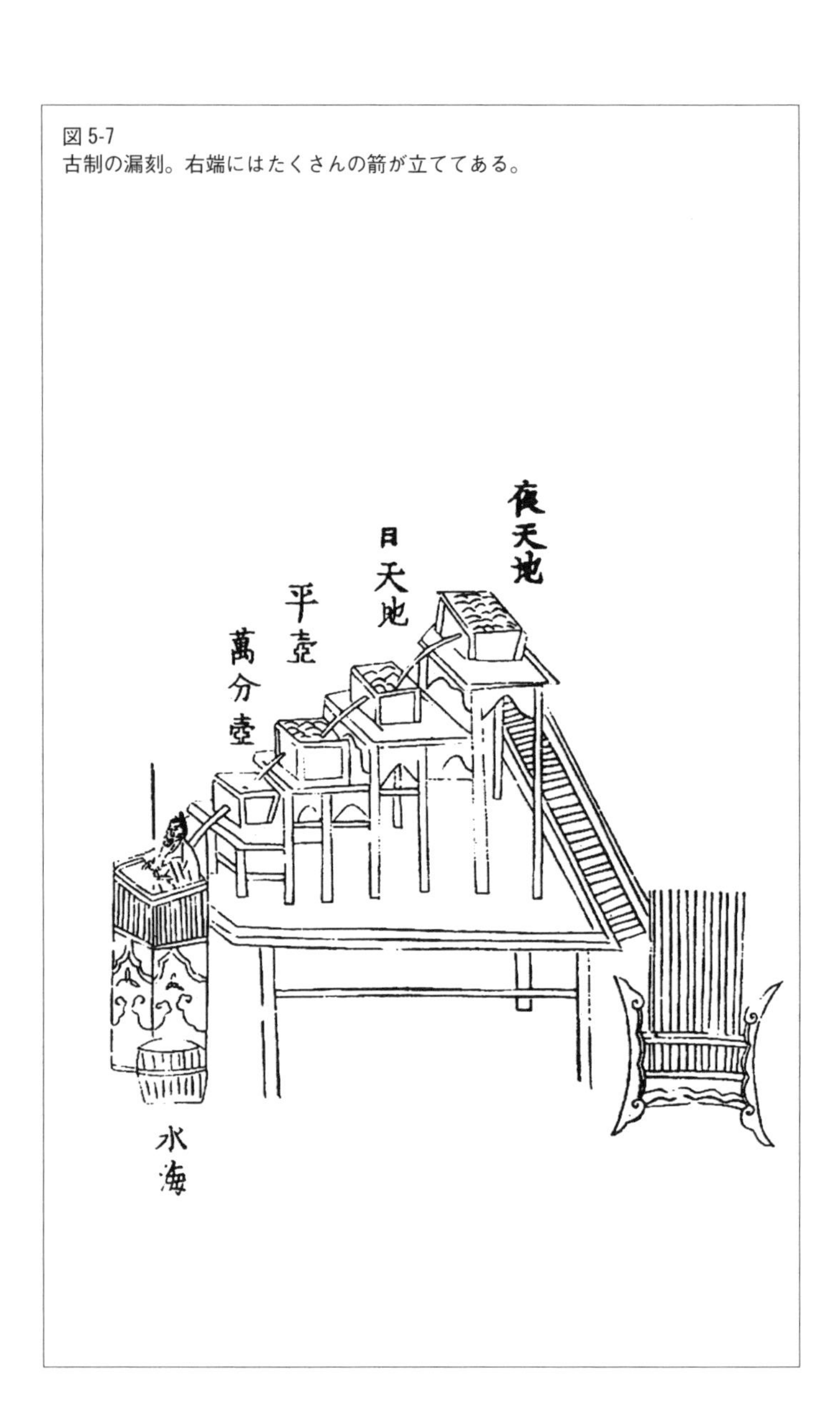

鮮―古代の時刻制度』（雄山閣出版、一九九五）のなかで詳しく述べてある。

冬至点の永年移動

西洋流の天文学書では、歳差の発見はＢＣ一〇〇年ごろに、ギリシャのヒッパルコス（生没年に諸説あり）によると説かれている。ヒッパルコスによれば、春分点の移動量は一年あたりマイナス〇・〇一二度角であるという。もっとも現代では、この歳差量は一年あたりマイナス〇・〇一四度角という値が公式に採用されている。

ところが、馬場信武の説くところによれば、中国ではヒッパルコスよりもずっと以前から、冬至点の永年移動という形で、歳差現象が記録されていたのだと述べている。その例をつぎに列記しよう。『天経或問』とも一部重複しているが、各例の出典ははっきりわからない。

一、上古・尭帝の甲辰年（ＢＣ二三五七）の冬至の初昏に、昴宿が南中したが、このとき太陽は虚宿六度にあった。

二、夏の第一二主・不降三五年乙未（ＢＣ一九四六）の冬至に、太陽は女宿一一度にあった。一と二との間隔は四一二年で、その間に太陽は退くこと六度であったという（四一一年か）。

三、商（殷）の第二五主・武乙四年丙寅（ＢＣ一一九五）の冬至に、太陽は牛宿七度にあった。二と三との間隔は七五〇年で、その間に太陽は退くこと一一度であった（七五一年か）。

四、周の第二三主・簡王一二年丁亥（BC五七四）の冬至に、太陽は斗宿二三度にあった。三と四との間隔は六二一年で、その間に太陽は退くこと九度であった。

五、太秦の荘襄王元年壬子（BC二四九）の冬至に、太陽は斗宿二二度にあった。四と五との間隔は三二五年で、その間に太陽は退くこと一度であった。

六、漢の第六主・孝武帝太初元年丁丑（BC一〇四）の冬至に、太陽は斗宿二〇度にあった。五と六との間隔は一四六年で、その間に太陽は退くこと二度であった（一四五年か）。

七、東晋の第九主・孝武帝の大元九年甲申（三八四）の冬至に、太陽は斗宿一七度にあった。六と七との間隔は四八八年で、その間に太陽は退くこと三度であった（四八七年か）。

八、南宋の第二主・文帝の元嘉一〇年癸酉（四三三）の冬至に、太陽は斗宿一四度にあった。七と八との間隔は五〇年で、その間に太陽は退くこと三度であった（四九年か）。

九、唐の第七主・玄宗の開元一二年甲子（七二四）の冬至に、太陽は斗宿一〇度にあった。八と九との間隔は二九二年で、その間に太陽は退くこと四度であった（二九一年か）。

一〇、大宋の第四主・仁宗の慶暦四年甲申（一〇四四）の冬至に、太陽は斗宿五度にあった。九と一〇との間隔は三二一年で、その間に太陽は退くこと五度であった（三二〇年か）。

一一、南宋の第六主・度宗の咸淳四年戊辰（一二六八）の冬至に、太陽は斗宿〇・二度にあった。一〇と一一との間隔は二二四年で、この間に太陽は退くこと五度であった。

一二、元の第一二主・順宗の至正元年辛巳（一三四一）の冬至に、太陽は箕宿一〇度にあった。一一と一二との間隔は七四年で、その間に太陽は退くこと〇度三八分であった（七三年か）。

一三、大明の太祖の洪武一七年甲子（一三八四）の冬至に、太陽は箕宿九度にあった。一二と一三との間隔は四四年で、その間に太陽は退くこと一度であった。（四三年か）

一四、同じく第一一主・世宗の嘉靖三年甲申（一五二四）の冬至に、太陽は箕宿五度にあった。一三と一四との間隔は一四一年で、その間に太陽は退くこと四度であった（一四〇年か）。

一五、同じく第一三主・神宗の万暦四〇年壬子（一六一二）の冬至に、太陽は箕宿三度一九分一九秒にあった（馬場の原注に、愚思うに三度五二分八二秒たるべし、とある）。一四と一五との間隔は八九年で、その間に太陽は退くこと一度四七分であった（八八年か）。

一六、本朝の宝永元年甲申（一七〇四）の冬至に、太陽は箕宿三度三〇分二五秒にあった。一五と一六との間隔は九三年で、その間に太陽は退くこと二二分五七秒であった（九二年か）。

このように馬場は最後に一六の本朝の値を追加して新味を出している。なお、年数間隔にはしばしば不審なところがある。彼は「数え年」を使っているらしいが、これはよろしくない。

果たして「歳差」発見か？

以上のデータを方眼図にプロットしてみよう。

図5－8では、縦軸に西暦年号をとり、横軸に冬至点の移行（西へ移る）の度合をとっている。馬場信武の記述はまったく西暦年号とは縁がないため、これらは筆者が陳垣『二十史朔閏表』（一九二八）や董作賓『中国年暦簡譜』（一九七五）、方詩銘・方小芬『中国史暦日和中西暦日対照表』（一九八七）を参考にして、いちいち中国史の年号を西暦年号に置きかえをした値である。董作賓の簡譜には、中国太古の尭帝や夏・殷の年代が西暦年代に対応して載っているが、それらがどれほど信頼できるものか疑問を感じる。多くの学者もそのあたりの年代の対応には批判的であるという。だからここでは一種の危険な試みとして採用しておく。

図5－8の横軸値は各項に載っている「太陽の退き」（日躔退行という）の量をとる。退行の原点は一のときをゼロとする。一から一六まで順次加算していくと、全部のデータが一応ひとつの直線上に並ぶように見える。この直線のコタンジェントすなわち一年あたりの退行値が「歳差」値なのである。そしてそれは一年あたりマイナス〇・〇一四度角と求められる。この値が前述したとおり現在公認の歳差値とピタリと一致しているのには、アッとばかりに驚いた。

しかし、あまりあわてて信用してかかってはいけない。これが本物のデータであったのかどうか、慎重に検討を加えてみる必要がある。ことに太古の1、2、3、4の四個のプロットはあまりにもよく一直線上に乗っていてかえって怪しい。これらのデータはだれかの捏造ではないか。それに対して、5以降のプロットのほうは適当にバラつきを示していて、これらのほうが信頼性が高いように思える。また

図 5-8
日躔退行の度合は -0.014 度／年となり、現代の歳差量と一致しているのは驚きである。

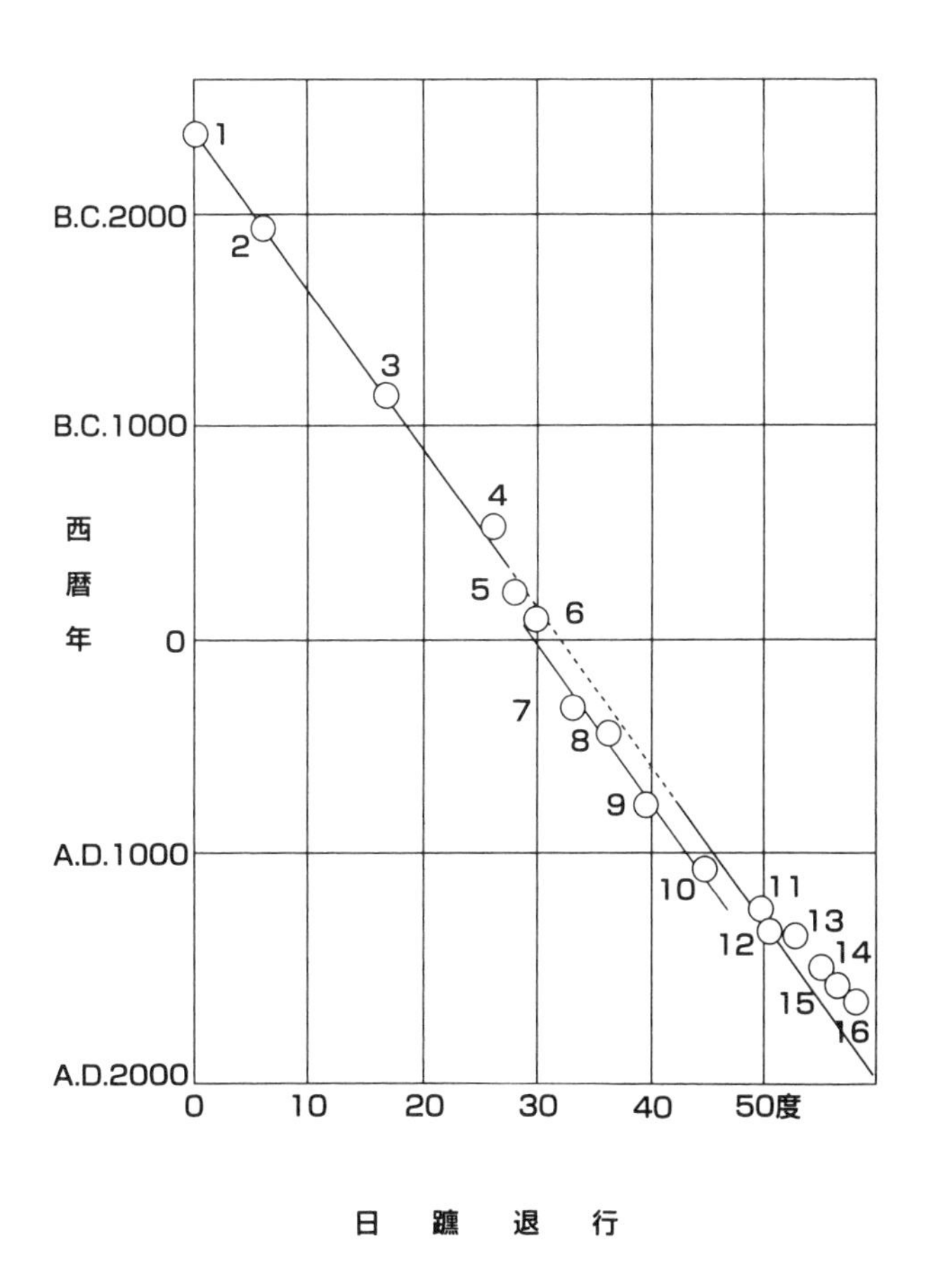

7から10までのプロット群は別の一直線に並んで乗っている。しかしその傾斜の度合いは、1〜4と11〜16の「本線」の傾斜と同じで、二本とも互いに平行している。

いま慎重を期して1〜4のデータを捨てて、5以降のプロット群だけを採用したとしても、古代中国の司天官らはヒッパルコスよりも一五〇年も前のBC二五〇年ごろに、「冬至点の退行」という概念で「歳差」の存在を記録していたことになる。少なくとも「日躔退行」の事実を証明する記録を残していたのだ。

ところで最近、藪内清教授の『中国の科学と日本』（朝日選書一九七八）を読みかえしていたら、つぎのような記事にめぐりあって愕然とした。

●『続天文略』は載震の天文学上の代表的著述であるが、その中にもそうした曲解が見られる。たとえば、歳差の説にしてもヨーロッパの説をほぼ正しく述べながらも、この歳差説がはるか先秦の学者に知られており、それがかえって漢代に忘れられ、ふたたび東晋の虞喜によって再発見されたとする類が、それである……

つまり、藪内先生は太古の冬至点の移動とそれの解釈などは載震の捏造だとお考えのようである。それにしても、中国には古くから膨大な天文史料があるのだから、これらの古典を近代的な眼力を使って確認作業をおこなうことは望ましいことだ。筆者が提唱する「古天文学」による検証もその有力な一手段である。

なおひと言。中国古来の一度角（中国度という）は、西洋流の角度でいえば、約〇・九八五六度に等しい。したがって図5－8の横軸値のスケールは少しちぢまる勘定になるが、歳差値として〇・〇一四度の有効数字を変えるほどのことはないので、そのまま使っておいた。

以上が、いまから約三〇〇年ほど昔の江戸時代中期に刊行された天文入門書の内容の紹介である。

全部で八七項目あるうちのほんのわずかの話題を拾い上げたにすぎない。そのなかにはまったく荒唐無稽のものもあり、またあるものは西洋天文学を凌駕しているかと思われるものもある。つまり内容は玉石混交である。

荒唐無稽といったが、いまから六〇年前に筆者が学生であったころを思い出すと、

一、太陽（またはすべての恒星）の熱源は何であるか。また太陽は今後いつまで輝いているのか。

二、渦状星雲（いまでは銀河というようであるが）はわれわれの大銀河系のなかに含まれているのか、またはその外にあるのか。

などの問題が当時の世界の第一線天文学者たちのあいだで議論が沸騰していた対象だった。思えばひとつの学説が興亡する寿命はとても短い。これでいくといまからさらに六〇年経ってみたら現代の定説もどう変わっているかわからない。『初学天文指南』はいまから六〇年の五倍も昔に書かれた天文書である。世のなかの推移の激しさを嘆ずるばかりである。

〔参考文献〕

馬場信武『初学天文指南』宝永三年（一七〇六）
斉藤国治「馬場信武・初学天文指南を読む」『星の手帖』巻五八、一九九二秋
陳垣『二十史朔閏表』藝文印書館（台北）、一九五八
董作賓『中国年暦簡譜』藝文印書館（台北）、一九七五
方詩銘・方小芬『中国史暦日和西暦日対照表』上海辞書出版社、一九八七
藪内清『中国の科学と日本』朝日選書、一九七八
斉藤国治『日本・中国・朝鮮―古代の時刻制度―古天文学による検証』雄山閣、一九九五

第六章　古天文挿話・アラカルト

本章では、古天文にかかわる短い話をいくつかまとめてみよう。いわば古天文挿話の一品料理の陳列である。

天空に十字架輝く

四世紀のころ、ローマ帝国は分裂して四分統治制となり、四人の皇帝が分立してそれぞれの領土を支配していた。しかし、やがて互いのあいだに領土争いが起きた。

まず、北イタリアを支配するコンスタンチヌス一世（二七四～三三七）がローマ市に向かって進撃を始め、三一二年一〇月二八日（ユリウス暦）に、同市北方六キロのティベル河にかかるミレヴィウス橋を挟む戦闘が始まった。コンスタンチヌス一世は、ここで暴君マクセンチウスを破り、ローマ市に入城を果たし、西ローマ帝国の絶対的支配権を掌握した。

ところで、この日の昼すぎ、まだ戦闘が真最中の時に天空に光に包まれた十字架が現われたと伝えられている。コンスタンチヌス一世はこの十字架を見て、「汝は勝つ」との神の啓示を受けたと宣言を発

図 6-1
A.D.312 X 28、14^h（ローマ平均時）における太陽（高度 26°）と金星（20°）との関係位置。

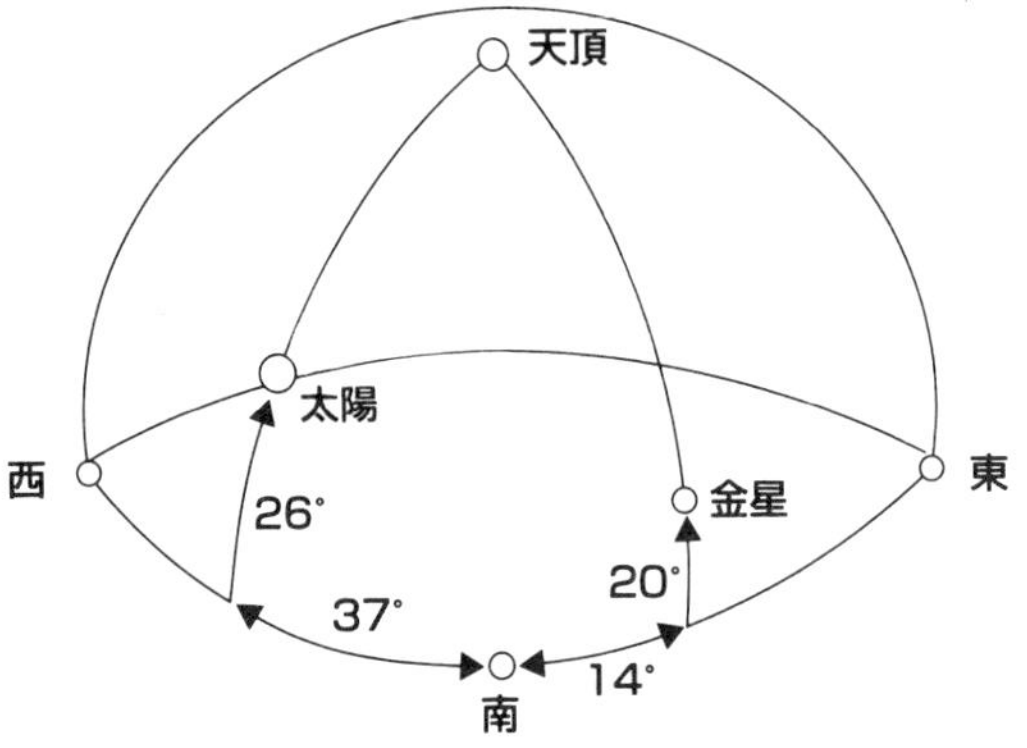

していている。この戦勝の翌年に、彼は信教の自由、すなわちキリスト教の公認をおこない、久しく続いたキリスト教弾圧の歴史は幕を閉ざした。

この十字架の出現は、いままでキリスト教の奇跡のひとつとされていたが、筆者はこれは「金星の昼見」すなわち金星が昼間の空に見えたのだと直感する。昔から中国の天文記録のなかに「太白昼見」という記録がよくあるからである。たとえば、

● 漢・高后六年春（BC一八二年）、星昼見。夏四月、赦天下（漢書高后紀）

などとあり、古天文学計算をすると、このときに金星が西方最大光輝の状態にあって、昼間に見えたことが考えられるからである。この記事の「星」とは金星であると推測されるのだ。

三一二年一〇月二八日、一四時（ローマ平均時）に、金星は射手座にあり、太陽の東四六・七度角にあっ

て、まさしく金星東方最大離角の位置にあった。このとき金星の光度はマイナス四・二等星。図6－1は地平座標で表わした天球に太陽と金星の位置を示した。

この十字架出現の奇跡は、エスセビウスやラクタンチウスなど同時代のキリスト教作家の著書のなかに見られる記事である。しかし、有名なギボンの大著『ローマ帝国衰亡史』（一七八八）には見当たらない。おそらく歴史学者のギボンはその著にキリスト教の奇跡物語などは載せるに価しないと思ってはぶいたのだろう。しかし古天文学の検証から、それは立派な天文現象であったことがわかる。

この記事の存在については、小沢賢二氏（前橋市）の教示をうけた。

てんもん俳句の鑑賞

現代俳句の作品を古天文的に味わってみよう。

● 爛々と昼の星見え菌（きのこ）生え　虚子

これは『現代俳句』昭和二三年（一九四八）一月号に載っている高浜虚子作の俳句である。虚子は第二次大戦中、信州小諸に疎開していたが、戦争もやっと終わり、世情もほぼ治まってきたので、昭和二二年（一九四七）秋に東京へもどることにした。そこで長野在住の俳人多数が虚子のために留別句会を催した。この句はそのときに発表されたものである。

作品からは深山幽谷に生える怪奇な形の毒キノコの群生が連想されるが、真実はこの句会の席上で松茸をたくさんおみやげにもらったのだという。「松茸の荷が着きしほど貰ひけり」という虚子の挨拶句があるくらいである。

さて、この句の「燗々と輝く昼の星」とは金星にちがいない、と思って追跡してみる。句会の日は一九四七年一〇月一四日とわかっているのだが、その日の正午（小諸平均時）に金星は太陽の東一〇・八度角にあった。これでは太陽に近すぎて金星は昼間肉眼ではとうてい見えない。虚子は句会の席で眼の前にあった松茸を見ながら、以前に昼間に見た星を思い出して、うまくつき合わせて一句としたにちがいない。たとえば同年の一月二五日ごろに金星は太陽の西四六度角に隔っていたから、これなら昼間にも見えたはずだ。この句はそんなふうに考えれば時間を超越した名句となる。

● ぽっとりと寒の金星　犬吠ゆる　誓子

この句は山口誓子が昭和二六年（一九五一）正月二九日に、伊勢・富田にいたときの作。野尻抱影氏との共著『星恋』（一九五五）に載っている。この日の夕方、金星はマイナス三・八等星で、太陽の東一八・三度角にあった。大寒から節分にかけての日の夕方、太陽が沈んだあとの西空に、「ぽっとり」と金星が暖い金光を放って見えたのである。たまたまどこかで犬の鳴き声がしたのを取り合わせたのだ。鶏や犬の鳴き声は古来平和な村落の象徴でもある。別に犬が金星を見つけて吠えていると解釈する必要はない。

● オリオンが出て大いなる晩夏かな　誓子

これも同じ句集におさめられている。昭和二〇年（一九四五）八月一〇日、伊勢・富田での作。ちな

図 6-2
山口誓子が見た晩夏のオリオン星座の出。

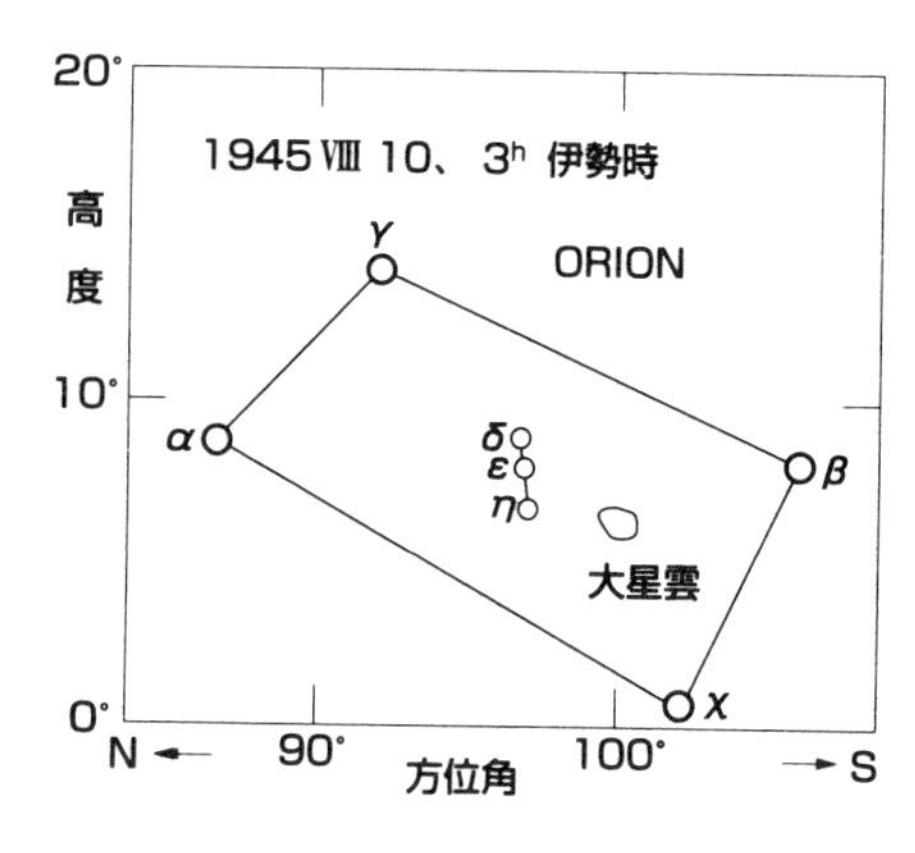

みに時期は終戦日（同年八月一五日）の五日前。オリオン星座はよく「冬の星座」といわれるが、意外なことに晩夏（つまり立秋のあと）の未明の東天にしずしずと昇ってくる。この句にはそのときの驚き、意外性がよく詠みこまれている。図6－2は一九四五年八月一〇日午前三時（伊勢平均時）におけるオリオン星座の出の有様を描いたものである。

ヴァン・ゴッホの描いた星空

オランダの天才画家ヴァン・ゴッホ（一八五三～一九〇）は、約二〇〇〇点の油彩画・鉛筆画・スケッチを残したが、そのなかに月や星や星座を画中に描きこんだものが一〇枚ほどあるという。これらの天体が天文学的に正しく描写されているかどうかについて、アメリカの天文一般誌『スカイ・アンド・テレスコープ』誌上にいくつかの寄稿が掲載されて話題になった。この点を古天文学の

図 6-3
ゴッホの「いとすぎと星のある道」。二日月と金星と水星に注目。

立場から追究してみよう。

まず「いとすぎと星のある道」（一八九〇）という作品がある。図6－3はそれのコピーである。画面中央に一本のいとすぎの大木を描き、いとすぎの右側の空には細い、二日月（?）を描き、いとすぎの左側の空には星と思われる大小二個の光点を描いてある。この画はゴッホがフランスのプロバンス地方のサン・レミ村（東経四・八度、北緯四三・八度）に一年間滞在（実は脳病院に入院）していたときの作品で、いわゆる「いとすぎの時代」の作品群に属している。

彼は一八九〇年五月一六日に、サン・レミ村を離れてパリに戻ったから、この画のなかの二日月と二個の星像の図柄は、この日付以前の天象を表わしていると思われる。R・W・シノット氏はこの天体たちの配置図柄をホンモノを描いたと見なして調べている。

すなわちゴッホがサン・レミ村を離れる日付より前

の一番近い新月（朔）は、一八九〇年四月一九日の八時〇六分（世界時）であるから、二日月の初見（月齢三五時として）は、四月二〇日一九時（サン・レミ地方時）ごろになるとした。この日の夕方に、月は太陽の東一八度角にあり、月面の輝いた部分は月直径の三%ほどの細い月だった。またこのとき、金星（光度マイナス三・九等星）は二日月の右側四度角以内にあり、水星（マイナス一・八等星）は金星の右下方三度角にあっただろう、と推定している。

一方、筆者の検算では次表のとおり。

天体	黄経	黄緯	高度	方位角
太陽	三二・六度	〇・〇〇度	マイナス七・五度	二九四・二度
月	四七・八度	マイナス三・四八度	プラス六・二度	二八三・二度
金星	四六・〇度	マイナス〇・二一度	プラス六・一度	二八七・〇度
水星	四三・二度	プラス一・二〇度	プラス四・三度	二八九・四度

この日の日入りは一八時四九分（サン・レミ平均時）で、これらの値は日入りから四〇分のちの薄明が終わったころ（一九時二九分）についての計算である。

図6-4はこの時点での状況を再現したもので、図は地平座標表示である。この図を検討するとシノ

図 6-4
ゴッホの「いとすぎと星のある道」画中の月星の配置の再現図。

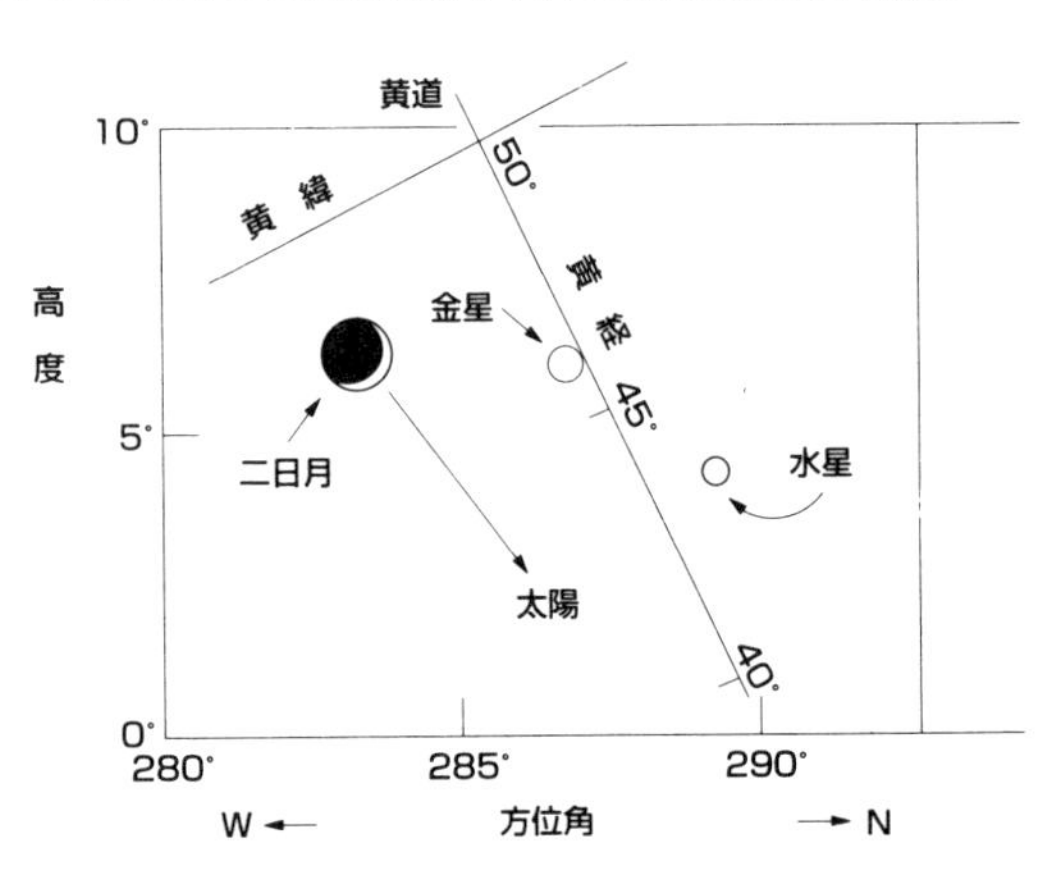

ットの主張を裏付けているとわかる。
しかし、ここでひとつ問題が残った。ゴッホの油彩画では、月と金星と水星（らしき二光点）が、画面に向かって右から左へ順に並んでいるが、シノットおよび筆者の検算では、図6－4が示すとおりに、それらは左から右へ順に並んでいること。そして、月と金星とはほぼ高度が等しいこと、水星が月・金より低く描かれていること、などは検算とよく一致している。おかしいのはその並び方が左右逆転していることである。
ゴッホの画が左右逆になっているワケは、
一、ゴッホの単純ミス
二、画面構成上からゴッホがわざと逆に描いた
三、ゴッホは鏡に反射させて写生した
の三つの説が出されているが、ほんとうのことはわからない。

図 6-5
「糸杉」1889 年 6 月、
サン・レミ時代。

すこし横道にそれるが、星の位置の逆転に関して筆者にはひとつの連想がある。一〇五四年に出現した超新星（かに星雲の爆発時の現象）をアメリカ先住民が描いたといわれる線刻画がアリゾナ州の石窟内で見つかったが、この山も超新星と、三日月（実は残月）とが上下逆位置に描かれている。さらに中国の史書に、

● 至和元年五月己丑（二六日、一〇五四年七月四日）、客星（超新星）天関（おうし座ゼータ星）の東南に出づ。数寸のところ（宋史・天文志）

とあり、ここの「東南」は誤りで、正しくは「西北」であるべきことが現在証明されている。すなわち天球上に並ぶ二星の相対位置が、しばしば逆方向に誤認または誤記されるのである。ゴッホの画の星の並びも同じような誤りではないだろうか、と筆者はひそかに考えている。

図 6-6
「星月夜」1889 年 6 月、サン・レミ時代。

ゴッホの星の話はまだつづく。いままでは一八九〇年四月一九日の夕方の空を検討したが、これより以前の一年間（かれのサン・レミ村滞在期間）を調べると、金星は、（一）二日月の右側にあるか、（二）太陽と「合」であるか、（三）暁星であるか、のどれかであって、ゴッホが描いたように金星が二日月の左側に見えるケースは起こらないことが確かめられている。

ところで、この「いとすぎと星のある道」（一八九〇）については、ゴッホはよほど自信作と思っていたらしく、同時代の画家ゴーギャンにあてて、つぎのような手紙を書いている。

● ぼくは今でもサン・レミで描いた糸杉と星空の絵をもっている。

夜空には輝きを秘めた月があり、この三日月は大地におちてきている不透明な影の間から

図 6-7
「夜のカフェ・テラス」
1888 年 9 月、アルル時代。

姿をあらわしている。光を集めて満ちているもうひとつの星、ばら色と緑のひそやかに輝く星が、雲の流れゆくウルトラマリンの空にかかっている。下方には高いよしたけの茂みにかこまれた街道があり、そのかなたに青いアピーヌの山脈が低くつづいている。窓にオレンジ色の明かりをともした古い宿屋、高くそびえたつ一本の糸杉がまっすぐに黒ぐろと立っている。街道には白い馬にひかれた黄色の車が一台と、その前を散歩する人影が二つ。すごくロマンチックなんだが、これがプロバンスなんだと思うんだ。(『現代世界美術全集』八・ゴッホより)

と詳しい。とにかくこの画(一八九〇年作)は有名だが、ゴッホは同じモチーフを使って一年前にも二枚の画を描いている。図6-5に、示す「糸杉」

図 6-8
「ローヌ川のほとりの星夜」1888 年 9 月、アルル時代。

（一八八九年六月作）と図６－６に示す「星月夜」（同年同月作）がそれだ。両方とも糸杉の大木が大地から燃えたつように突っ立ち、これに三日月または残月を配したもので、これらは写実というよりも夢幻的な筆によって踊っている。

図６－７は一八八八年九月作の油彩画で、「夜のカフェ・テラス」と題されている。星空の一部が画面の右上の隅にのぞいているが、何座の星か同定はむずかしい。

最後に、図６－８は一八八八年九月の作で、「ローヌ河のほとりの星夜」と題され、北斗七星を描きこんであって、これも有名だ。この画を調べたハーバード大学のホイットニー氏によると、この画は一八八八年九月末のある日の二三時ごろに、北斗七星がローヌ河の上に横たわっている北向きの星空を描いたものとする。しかし妙なことに、画面の下半分の地上風景は方向を変えて南西方面を写生したものとすればピッタリ合うのだという。

つまりホイットニー氏はこの画はふたつの風景の合成だというのである。ゴッホはその夜、北斗七星の形はていねいにスケッチしたけれども、その下の地上風景は灯火に乏しいので場面を変えて南西方面の夜景をはめ込んだのだろう。ゴッホはあくまでも芸術家であったのだ。

夏目漱石の漢詩

文豪・夏目漱石（一八六七～一九一六）は近代日本の文学作家として局名だが、若いころから漢文の素養があって、生涯に二〇〇余りの漢詩文を残している。そのうちでも最晩年の大正五年（一九一六）の八月一四日から一一月二一日までのあいだに集中的に合計七一首の漢詩をつくった。

たまたま同年五月から「朝日新聞」に小説『明暗』を連載しはじめており、そのころは毎日午前中は『明暗』の原稿を書き、午後は作詩に凝っていたという。彼は生涯にわたって悩んでいた胃潰瘍が悪化して、同年一二月九日に世を去っている。したがって小説『明暗』はその中途で絶筆となった。同じ時期につくっていた漢詩のなかには、自らの過ぎこし方についての回想や近づく死を察した作品がまざっている。

なかでも、「無題　八月二十一日」という七言律詩では作詩の年月日と天象とを写実的に詠んであって、古天文的にも興味深い。読み下し文にしてこれを示すと、

●無題　八月二十一日

文章を作らず　経を論ぜず
漫りに東西に走りて　泛萍(はんぴょう)に似たり
故国花無くして　竹徑を思い
他郷酒有りて　旗亭に上る
愁中の片月　三更に白く
夢裡の連山　半夜に青し
到る処紙(ぴ)銭(く)もて　石を買うに堪うるも
誰をか傭いて　大字碑銘を撰せしめん

文意はかなり難解だが、そのうち第五、第六句目の意味は、「心が東西にゆれる悩みのうちに、夜が更けて片割れ月が昇ってきた。夢想のなかに現われる泰西の山並みは真夜中の空に青々と浮かびあがって見える」とでも訳したらよいだろうか。漱石の心のなかには、晩年になっても漢文学の世界と英文学の世界とがせめぎあっていたのであろう。

さて、古天文学検算に入ろう。期日は一九一六年八月二一日、二三時（詩に「三更」とあるから）とし、観測地を東京とすれば、このときの太陽黄経は一四八・一四度、月視黄経は七〇・三八度、月視黄緯はプラス三・二二度、月の位置角は二八二・二五度。したがって、月は月体東側の直径の一割ほどが輝いた残月である。月出時刻は八月二一日、二三時一三分（東京地方平均時）。

漱石はこの日も深夜まで起きて作詩をしていたが、たまたま残月が東天に昇るのを見たのだろう。詩の最後の二句において、漱石は自分の墓石を買うことと碑銘を誰に頼もうかと綴っている。まさに人生諦観の心境である。

レ・ミゼラブルの星

ビクトル・ユーゴー（一八〇二～八五）の長編小説『レ・ミゼラブル』（一八六二）のなかに、年月日を明記した天象の記事がいくつか見出される。そのなかでも有名な場面は、薄倖の少女コゼット（八歳）が強欲なテナルディエ夫妻にいじめられて、一八二三年一二月二五日クリスマスの夜に、森の泉へ水汲みに出されるところである。そこを引用すると、

●頭上には煙幕を張ったように黒雲が広がって空をおおっていた。暗闇がかぶさった悲劇的な仮面が、それとなくこの子供（コゼット）の上におおいかぶさってくるようだった。
木星が地平線の底に沈もうとしていた。コゼットは虚ろな目で、名は知らないが見ると恐ろしくなるこの大きな星を見つめていた。その星は、ちょうどその時、地平線すれすれのところにあって、厚い靄を通して、恐ろしく赤く見えた。靄も不気味に真紅に染まって、その星を大きく見せていた。まるで光り輝く傷口のようだった。（坂井一・宮治弘之訳『世界文学全集』一七　集英社、

一九八一）

と詳しい。ところで小説のなかで、テナルディエが宿屋を経営していたのは、モンフェルメイユ村のブーランジ小路であり、ここはパリの中心部から東へ五〇キロほどのところ、マルヌ河からウールク運河を分ける高い台地の南の縁にある、と原作に詳しく指定している。古天文学計算の必要から、地図上で読みとったその位置は、東経三・〇度、北緯四九・〇度である。

この天象記事のなかで注目事項を箇条書きすると、つぎのとおり。

一、この大きな星は、コゼットにとっては、「名も知らぬ大きな星」であるが、作者ユーゴーは明らかに「木星」と書いている。

二、その木星は西の地平線すれすれに沈もうとしていた。

三、この星は恐ろしく赤く見えた。木星はふつう黄色に見える天体であるが、厚い靄を透して見たために赤く見えたのであろう。作者は不気味な赤色を強調している。

天文計算に入ろう。

一八二三年のクリスマス（一二月二五日）は冬至（一二月二二日）の三日後であるから、日暮れは早い。日入は一六時〇七分（現地平均時）だった。コゼットが水汲みに出された時刻は不明だが、そんなに夜更けとは思えないから、一応二〇時と設定しよう。

このとき、木星は黄経九六・四四度、黄緯マイナス〇・〇八度にあった。また太陽は黄経二七三・三

図 6-9
A.D.1883 年 12 月 25 日、20ʰ のコゼットが見た夜空。黄経・黄緯座標。
網部分の上縁はこの時の地平線。数字はその方位角（270° が真西である）

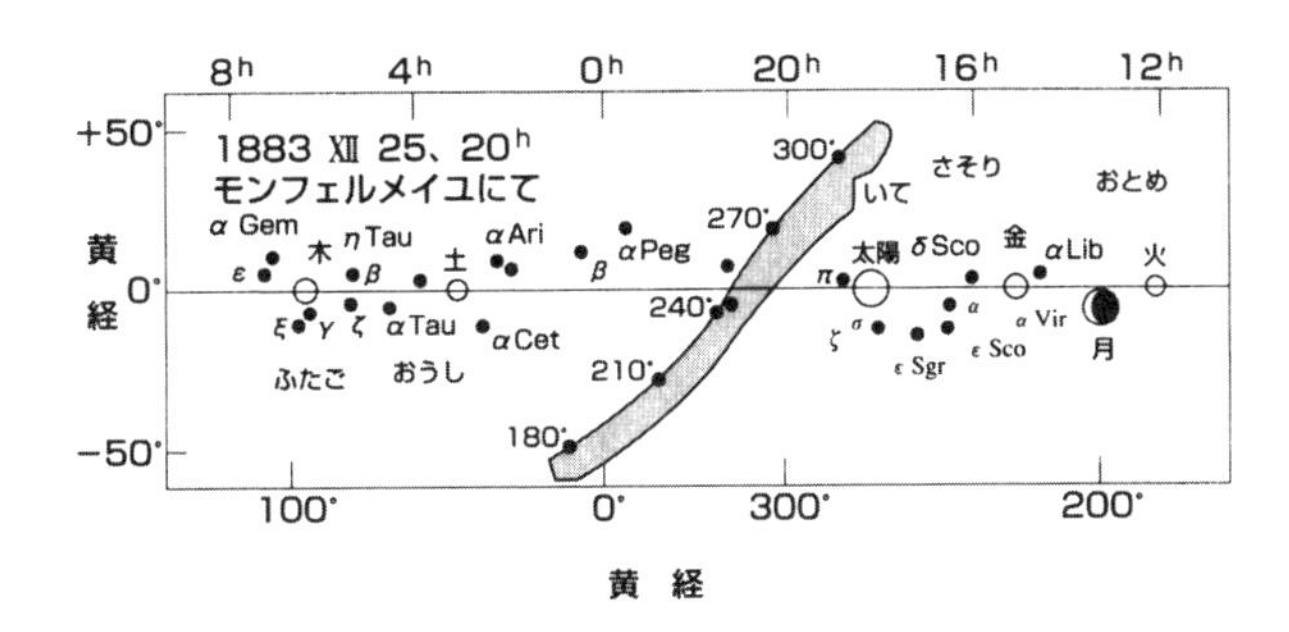

○度にあったから、このとき木星は太陽の東一八三・一四度にあり、両者はほぼ天球上正反対の方角にあった。図6－9はこのときの天球を黄経黄緯座標で描いたもの（一八二三年分点表示）。斜線はモンフェルメイユで見たこの日の二○時における地平線。地平線に沿って書いた数値は北から東廻りに数えた方位にあたる。この時刻には、太陽・金星・火星および月はすべて地平線下に沈んでおり、木星と土星だけが南東の空に見えたはずだ。図にはこのほかに明るい恒星と星座名も書き入れてある。

さてこの図を見て明らかなように、西の地平線すれすれに沈もうしていたという星は木星ではあり得ない。このことはすでに天文文芸家の草下英明氏が指摘している（一九七一）。図6－9はそのことをいっそう明確にしたものである。

残る問題は、ユーゴーがこのときの星をなぜ「木星」と特定したのかという点だ。『レ・ミゼラブル』が完成したのは一八六二年となっているが、この小説の構想はそれより四〇年も前から作者のプランに入っていたという。だから、彼が二一歳のころのクリスマスの晩に何か大きな赤い星が西の地平線近くの空に不気味に光っていたという記憶があって、それが作中に介入した結果かもしれないが、よくわからない。

同じ小説のなかで、年月日を書いている天文現象の記述をもうひとつあげることができる。それはワーテルローの戦闘を述べている個所である。

ワーテルローの会戦はイギリス・プロシア連合軍とフランス軍とのあいだで、一八一五年六月一八日の午前一一時三〇分ごろ、フランス軍側の発砲によって戦端が開かれた。しかし前夜に降った大雨のために、ナポレオンが得意とする砲兵隊は砲車が泥濘にはばまれて動きがとれず、その他いろいろの悪条件が重なって、同日午後遅くには彼の軍隊は多くの死傷兵を戦場に残したまま大敗走に入っていた。以下に原文を引用しよう。

●……あの運命を決した戦場に話を戻そう。この本では必要なことなのだ。

一八一五年六月一八日は満月であった。この月明りはブリュッヒャー（プロシア軍司令官）の猛追撃に有利に働いて、敗走兵の行く手をあばき、この惨めな集団を血の沸きたったプロシア騎兵隊にゆだねて、大量虐殺に手を貸したのだった。破局には、こういう夜の悲劇的なお節介がとき

おり加わるものである。（同上訳　第二冊　第三二九ページ）

この小説では、六月一八日夜から六月一九日暁方までのあいだ、戦場をうろついて死傷者の所持品をはぎとる者がいたと述べている。ウェリントン将軍（イギリス軍司令官）は厳格な人で、窃盗現行犯でつかまった者は誰でも（敵も味方も）銃殺するとの命令を出していた。しかし掠奪は根絶できず、一方の隅で銃殺がおこなわれているのに、戦場の他の隅では犯人らがせっせと泥棒を働いていた。そしてそのなかには、のちにモンフェルメイユの宿屋の主人となった若き日のテナルディエ軍曹もいた。

小説のすじはさらにロマンス的に葛藤をきわめるが、ここでは古天文の検討にうつろう。

ユーゴーは一八一五年六月一八日の夜は「満月」であったと述べている。しかし検算の結果、一八一五年六月七日の一六時が「朔」であったから、六月一八日は月齢一二日であって、月明ではあったが満月ではなかった。ワーテルローはベルギーのブリュッセルの南一五キロにあり、東経四・六度、北緯五〇・七度にあった。月出は一六時五一分（現地平均時）、月入は翌一九日の午前二時二七分。ワーテルローの会戦の夜の月明については、会戦に参加した将兵が語る多くの記録が残っている。その夜は死傷者から所持品をはぎとるのに十分に明るい月夜であったらしい。厳密に満月（望）でなくとも犯行には十分な月明であったのだ。

［参考文献］

ジェームズ・トレイロー『世界史大年表』、一九八二
『世界の歴史』ギリシャ・ローマ、一九八二
楠本憲吉『俳句入門』、一九七七
野尻抱影・山口誓子『星恋』、一九五五
ゴッホの油彩画については、「スカイ・アンド・テレスコープ」誌一九八五年八月号、一九八八年一〇月号、
　一九八九年七月号および『現代世界美術全集』・八「ゴッホ」集英社、一九八〇を見よ。
マイヤー・シャピロ、黒江光彦訳『ビンセント・ヴァン・ゴッホ』美術出版社、一九八五
佐藤明達「コロンブスと月食」日本天文研究会報文　二一九号、一九八三
草下英明『星の百科』現代教養文庫、一九七一
『夏目漱石全集』第一二巻、四二三ページ、岩波書店、一九六七
L. A. Marschall, “A tale of two eclipses”, Sky and Telescope, 57, No.2, 1979

第七章　「熒惑守心」を考える

「熒惑守心」が起こるわけ

中国古代の天文記録のなかには、「熒惑守心」という四文字成句の天象がしばしば現われる。この天象は古来重大な天変として恐れられていたようである。しかし古天文の立場から言えば、これは「惑星現象」の一種であって、天文計算によってことの真偽を検証することができ、さらには原典の誤記または錯簡の訂正をおこなうことも可能だ。

最近中国で出版された『中国古代天象記録総集』（北京天文台編、一九八八）は、一万項に及ぶ古代天象記録を収集した労作だが、なぜか「惑星現象」の記録をまったく含まない。そこには「熒惑守心」なる天変記事がひとつも載っていないのは遺憾だ。本章で取り上げる「熒惑守心」は筆者が独自で拾い集めたもので、その結果の一部は斉藤国治・小沢賢二著『中国古代の天文記録の検証』（雄山閣出版、一九九二）にもおさめてある。

「熒惑守心」という成句は「熒惑心を守る」と読む。「熒惑」とは火星の古語であり、「心」とは二八

図 7-1　さそり座と中国星宿名。

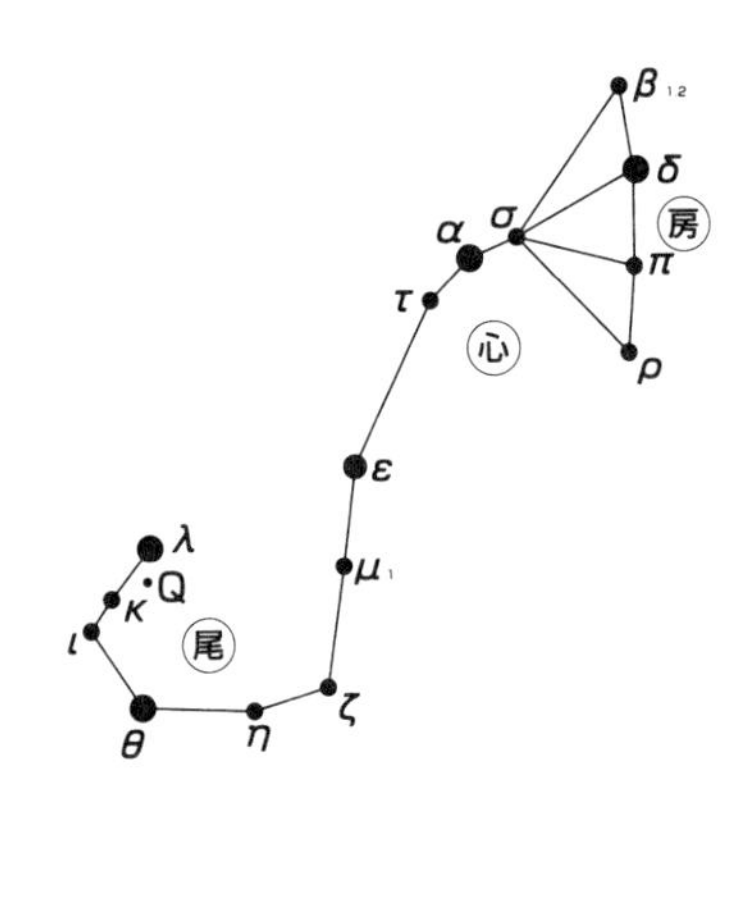

宿の第五番目の星宿の名である。西洋流にいえば「さそり座」のシグマ（σ）、アルファ（α）、タウ（τ）の三星のことだ。中国の星座ではこの三星をまとめて「心」という一宿と見ている。図7-1に見るとおりで、さそりの心臓部に相当する。心宿の右側（西）には「房」（さそりのハサミ）があり、左側（東）には「尾」（さそりの尻尾）がくるりとそりかえっている。さそり座は夏の夜の南天を飾る美事な星座である。

心宿の三星のうち、シグマ星は中国では心前星といい、アルファ星は心（中央）大星といい、タウ星は心後星という。日本の古典では、それぞれを心太子星、心天王星、心庶子星と書いてある。三星のうち心前星が心宿距星（その星宿の基準となる星）である。心大星は西欧では「アンタレス」（熒惑つまり火星に対抗する星という意味）と呼ばれる。この星は光度一・〇等星で赤色巨星だから、全天のなかでも目立つ赤い星だ。両側のシグマとタウは光度がそれぞれ二・九等と二・八等である。

つぎに「守」とあるのは「留守」ともいい、その意味するところはつぎのとおり。

惑星はふつう天球上を黄道に沿って東（左）のほうへ進行する（これを「順行」という）が、順行の途中でときとして一時停留することがあり、このことを「留」という。

火星の場合、一時停留する期間は一〇日ほど（留の期間は惑星によってそれぞれ異なる）。留を終えたあと、惑星は運動方向を西向き（右）に変える（これを「逆行」という）。火星の場合、逆行している日数は六〇日ないし七〇日ほど。そのあいだに黄経で二〇度ほど右（西）へ逆もどりする。その後ふたたび「留」となり、一〇日ほど動かなくなる。一〇日をすぎるとふたたび東行（左）を開始し、やがて定常の順行状態に復帰する。火星の場合、この異常状態（留→逆行→留）をふくめて、同じ星宿内を右に左に迷走する期間は三か月から六か月ほどかかり、この全期間を「守」の状態にあるという。

このような異常な運動を起こす原因は、太陽系のなかで地球が火星と隣り合って軌道上を公転する途中で、地球が火星を追い抜くからである。トラック競走をしている場合に隣を走る相手を追い抜くと、相手は自分から見て後退して見えるのと同じことだ。ところで、火星の軌道楕円はかなりいびつなため、追い抜きのとき（これを「衝」という）の地球と火星とのあいだの実距離はさまざまである。そこで、「守」となる期間もそれに応じて異なることになる。

また「衝」のころに火星は地球にもっとも接近するから、そのとき火星の光度はもっとも明るくなる。この赤い色の火星が心宿に入って「守」を起こせば、赤い惑星と赤い巨星の心大星とが互いに接近してみえ、しかもしばらく互いにもつれ合って離れないわけであるから、古代にあっては、この「熒惑守心」が重大な天変と思われたのは無理もない。

占星術上の意味

中国古代には、この天変の占星術上の意味はいろいろに説かれている。まず、『漢書』の「天文志」によれば、

● 熒惑が逆行すること一舎、二舎なれば不祥(わざわい)あり。居ること三か月なれば国に殃(わざわい)あり。五か月なれば兵(乱)を受く。七か月なれば国の半ば亡地となる。九か月なれば地の大半亡ぶ。

とある。ここで一舎とは二八宿中の一宿と同じ。「守」にある期間が長いほど、その災厄もまた甚大だと説いている。もっとも、九か月も守にあることは実際上ありえない。

『晉書』「天文志　中」には、

● 熒惑出でて、色赤怒し逆行して鉤己(ループ状になる)をなせば戦は凶、軍は囲まる。……されば、熒惑が太微・軒轅・営室・房・心に入り、守り犯すときは、主命(天子)はこれを悪む。

とある。

唐の『開元占経』巻三一には、熒惑守心に関してたくさんの占文が引用されている。たとえば、

●『春秋緯（書）』にいう、「熒惑心を守れば海内哭す」。石氏いわく、「熒惑心を守るときは王将戦乱をなす」。甘氏いわく、「熒惑心を守り、鉤己をなし、これを環繞するときは、天子その宮を失うこと六か月を期す」

とある。

また、宋の沈括（一〇三一～九五）は、その著『夢渓筆談』巻八、象緯二のなかで、熒惑の運行には、

一、「之字」運動（ジグザグ運動）

二、「柳葉」運動（捲きかえりループ状）

の二種類があると書いているのは、非常に観察が鋭いといえる。

図7－2は、BC四八四～四六五年のあいだに、熒惑が天球上を運行した状況を再現したものである。横軸の下辺には黄経値、横軸の上辺には二八宿名を掲げてある（観測時の分点座標表示）。また縦軸は黄緯値だが、図を見やすくするために、そのスケールを横軸値の二倍大に表示してある。

この図からわかる事項を箇条書きにすると、

一、熒惑は全天を運行中、二・二年ごとに「守」を起こしている。

二、「守」を起こす場所は毎回東（左）へ移動する。

三、「守」を起こす場所は一七年で全天を一周してほぼ元にもどる。

図 7-2
B.C.484 ～ 465 間の熒惑の天球上運行のもよう

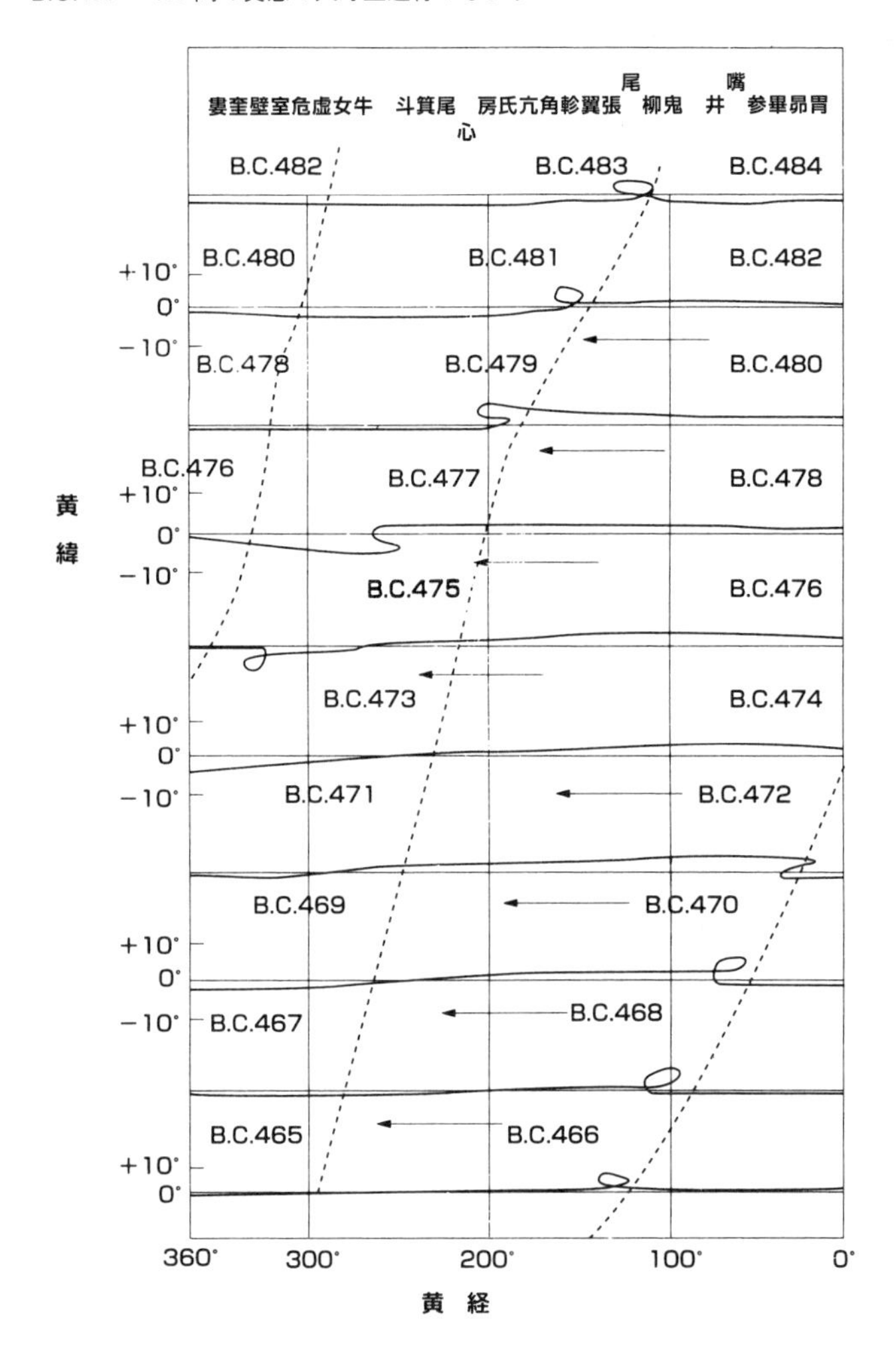

四、「守」になるとき、沈括が説いているとおり、その運動はジグザグ状に前後するか、柳葉を捲きかえすようにループ状になる。

このうちで古天文学のうえでもっとも重大なことは、三である。すなわち「熒惑守心」の現象は一七年周期で起きるから、この語句をふくむ古文書があれば、それが年代決定のうえでりっぱなタイム・マークとなる（もちろんそれが正確な観測記録である場合の話であるが）。

注意すべきことは、「心宿」は比較的小さな星宿だから、ある年に守心を起こしても、つぎの一七年目には心宿を飛び越したところで「守」となることがある。だから厳密に守心を起こす周期としては一七年の三倍くらいと見たほうがよい。

天変記事を検証する

さて、以下では中国史書のなかから「熒惑守心」という天変記事をひろい上げて、これを古天文学的に検証した結果を披露しよう。

〈No.1〉

● ＢＣ四八〇年、宋景公三七年、熒惑守心。子韋いわく、「善し」と。（史記・宋微子世家、十二諸侯年表・宋表）

これが「熒惑守心」なる語句が史書に現われた最古の記録である。

このことについてはつぎのようなエピソードが伝わっている。

戦国時代の宋の景公三七年（ＢＣ四八〇）に熒惑守心という天変が起きた。心宿は宋国の分野であるから景公は心痛して、司星（天文官）の子韋に向かって、この天変の意味するものは何かと訊ねた。子韋は答えて言うに、

「熒惑は天罰であり、禍は君公に及びましょう。しかしこの災いを宰相に肩代りさせることはできます」

と。しかし公は、

「宰相は国を治める重要な役目を負うものである。彼に災いを移すことはできぬ」

と言って拒けた。そこで子韋は、

「では人民に移すことができます」と申し上げた。

しかし公は、

「わが人民を患わすことはできない」

といって承知しない。そこで子韋はさらに言うには、

「年に転嫁されたらいかがですか」

と。公は答えて、

「年が害われれば人民が飢える。民を死なせては人君たるものが生きておれようか。ああ、わが運命もことごとく尽きた。もはや何も言ってくれるな」

と言って悲嘆にくれてしまった。ところが、その日の夜になって、子韋が天文を候（うかが）うと、熒惑が心宿から三舎だけ離れ去っていることを発見した。子韋は早速参内して公に拝閲して、

「公は善きことを三つなさいました。高きにある天帝はこれを嘉みしたまい、公の寿命を二一歳加算なされました」

と言上した（善行一件につき七年の延命である）。以上で天変は消え去り、『史記』の述べるところによると、景公はその後も長命に恵まれ六四歳まで生きたという。この記事は『呂氏春秋　校釈』巻六、『唐開元占経』巻三二、および『十八史略』にまで転載されて有名になった。

ここでこの記事の真偽を古天文学によって検証してみよう。実はそのために前もって図7-2を用意しておいたのである。景公三七年はBC四八〇年にあたるが、図を通覧すると、この年に熒惑は一年中順行中であり、心宿にも近づかない。つまり、計算と記録とは合わない。

しかし翌年（BC四七九）の早春には、熒惑は心宿の西へ二舎ほど離れた「氐（てい）」宿（てんびん座）と「房」宿（さそり座頭部）のあたりで「守」を起こしている。これは天帝が景公の善行を賞（め）でて、熒惑守心の位置を西へ移したためであると解釈すれば、この説話とも合うこととなって、たいへんおもしろい。ただし、従来の編年法では年代が一年分遅れていることが気にかかるところだ。

図7-3
B.C.210年に、熒惑は心・房宿で逆行した。

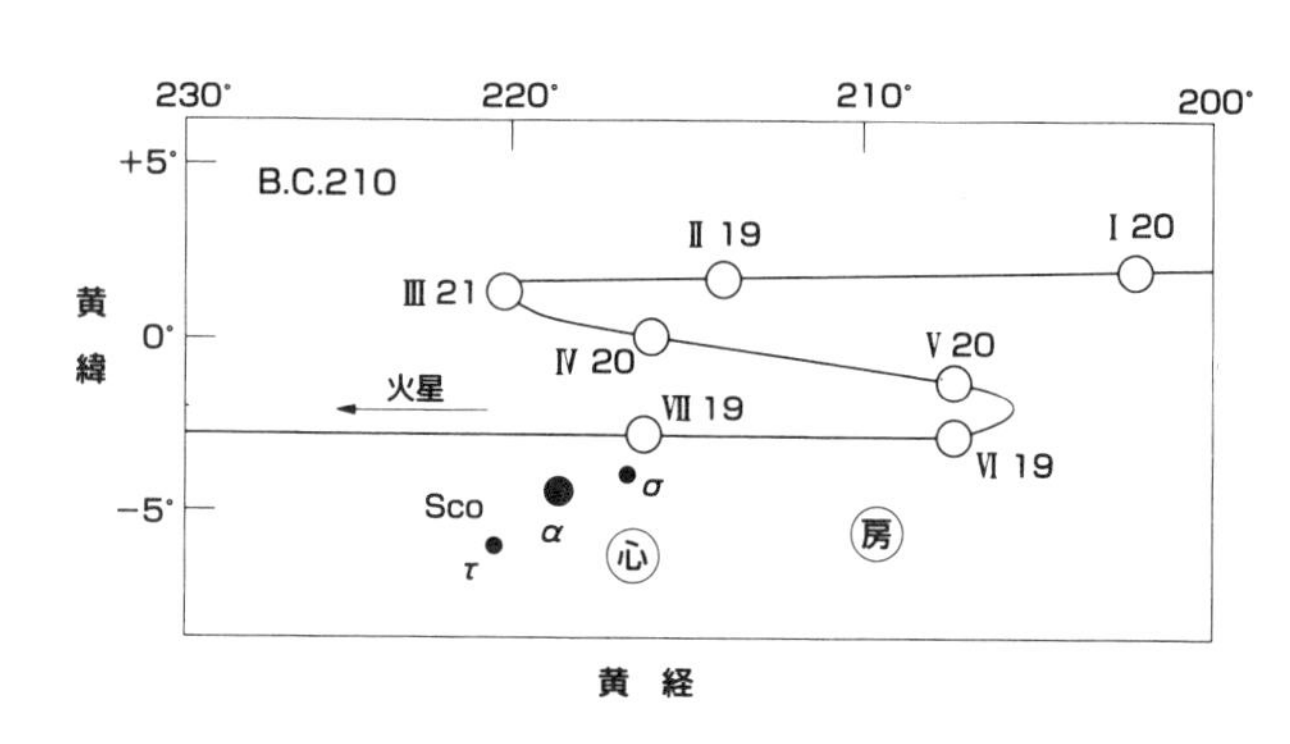

〈No.2〉

● BC二一一年。秦始皇三六年、熒惑守心（史記秦始皇本紀）

現行の中西暦日対照表によれば、始皇三六年はBC二一一年にあたる。しかし古天文学の検算によると、BC二一一年中に熒惑は順行中であり、留も逆行もしていない。つまり熒惑守心の事実は認めがたい。

そのかわりに翌年のBC二一〇年に入ると熒惑は三月二一日に心宿にあって「留」となり、以後逆行に転じ、六月五日ごろ房宿西端でふたたび留となり、のち順行にもどり、七月末には心宿の北を通って東方へ去っていったことになる。その状況は図7－3に示すとおり。つまり、熒惑守心は起きているが、それはBC二一一年ではなくて一年遅いBC二一〇年のことである。

図7-4
漢12年（B.C.195）春、熒惑は心宿の西隣りの氐宿で守となった。

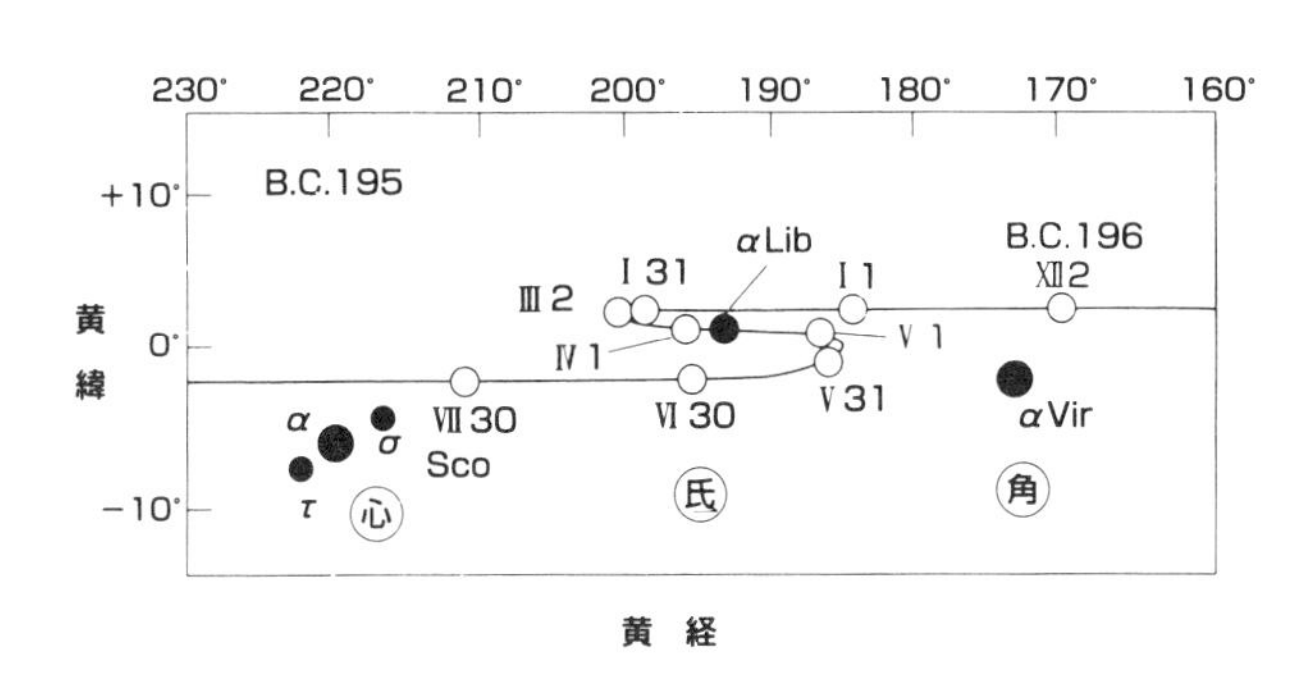

ここにおいて筆者にはひとつの疑念が生ずる。それは№1の宋景公三七年も№2の始皇三六年も、ともにBC対照年が一年遅れになっている事実だ。ここにおいて従来の中西年代対照表はBC四八〇年とBC二一一年のあたりで（あるいは両者のあいだの全部で）、一年分対照が狂っているのではないか、という疑念である。もちろんこれだけの資料では吟味に不十分であり、今後十分な史料調査をして、検討の結果をしかるべき学術誌に発表すべきだろう。しかし、筆者にはもはやそれに取り組む時間的余裕がない。だからここでは不満足ながらこの問題には、かりに「つばをつけておく」こととし、後学の士の挑戦を待ちたい。

〈№3〉

● BC一九五年。漢一二年春、熒惑守心。四月、

宮車晏駕（漢書天文志）

漢高祖一二年（ＢＣ一九五）の春（旧正月～三月中）に「熒惑守心」が起きて、四月には高祖が崩御したという。この記事は何かこじつけのように見えるが、検証の結果は一応合っている。すなわち熒惑はＢＣ一九五年三月二日に黄経二〇一度で留、以後逆行し、五月二一日ごろ一八五度でふたたび留、そのあと順行に転じた。その間の四月八日には氏距星（てんびん座アルファ星）の北一・〇度にあって黄経合となる。図7－4はその状況を描いたもので、結局「守心」ではないが「守氐」にはなっている。№2で指摘したＢＣ年における一年のずれはここでは解消されている。つまり、ずれの下限はＢＣ一九六年までで、それ以降は正しい年代対照となっているとみられる。

〈№4〉

● ＢＣ七年。漢成帝・綏和二年春、熒惑守心、……三月丙戌（一八日）、宮車晏駕（漢書天文志）

○ 高句麗・琉璃王一三年（ＢＣ七年）春正月、熒惑守心（三国史記・高句麗本紀）

漢書本紀によれば、漢成帝は綏和二年三月丙戌の日に未央宮で崩御されたとある。齢四五歳であった。この予兆として熒惑守心が起きたとするのは、№3と同巧である。なお古代朝鮮でも同時記録があり、そこでは「春正月」としていて、漢書天文志の「春」よりも記述が詳細だ。

古天文学検算によると、熒惑はＢＣ七年二月三日に黄経一七六度で留。このとき角大星（おとめ座の

図7-5
漢・綏和2年（B.C.7）春、熒惑は角・軫宿において逆行していた。

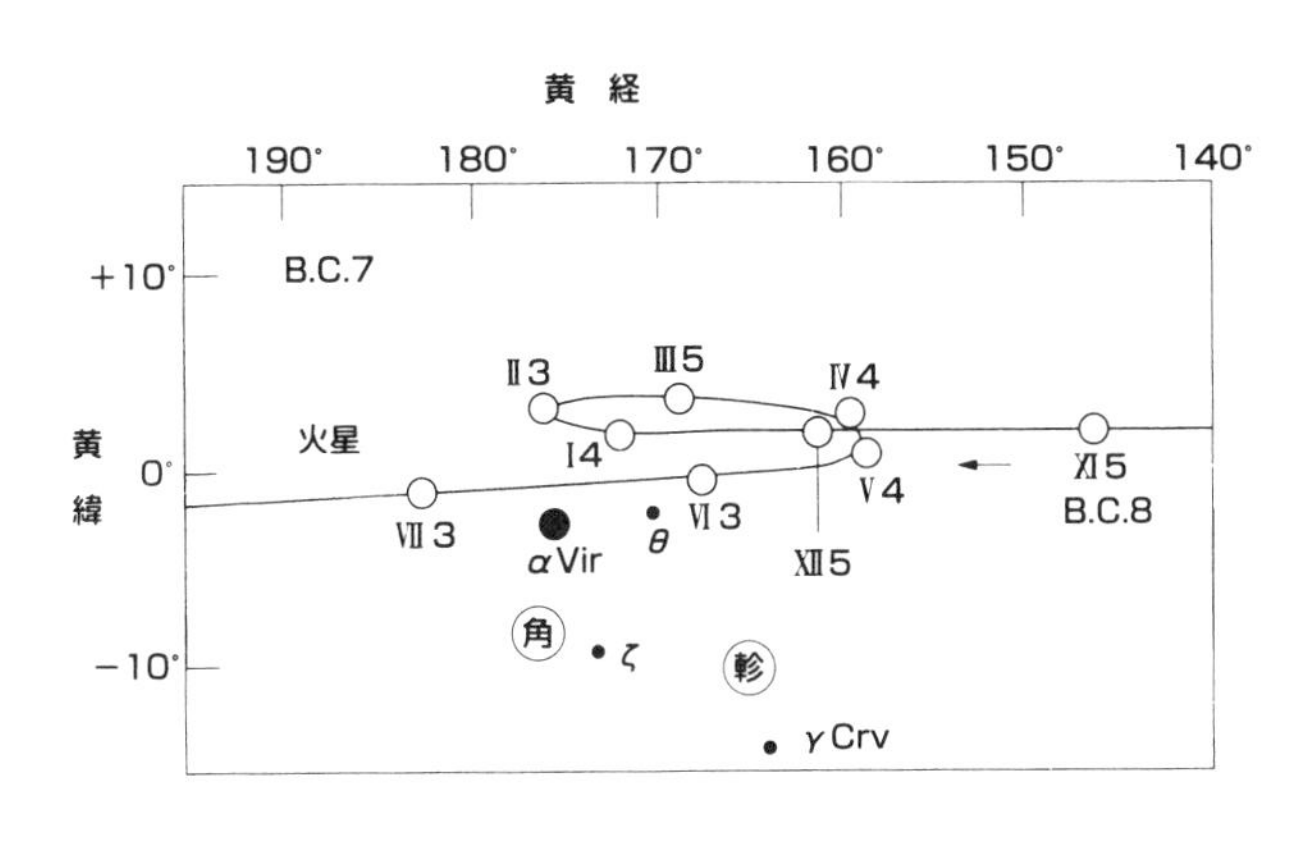

アルファ星）と黄経合だった。のち逆行して四月二四日に一五八度でふたたび留、そして以後順行に復した。六月一六日にはふたたび角大星の北一・八度のあたりを通って東へ去った。その状況は図7－5のとおり。したがって「守心」ではないが、「守角」または「守軫」とはいえるだろう。高句麗本紀の「春正月」は適切ということになる。

〈No.5〉

● AD一〇七年六月一五日。後漢安帝・永初元年五月戊寅（七日）、熒惑逆行、守心前星。（続漢書天文志）

この記事は正確だ。時代が下ると「守心」とだけでなく「守心前星」などと観察と記述とが詳細になっている。

この年の四月一一日に、熒惑は黄経二三五度で留、

図7-6
永初元年5月戊寅（107 Ⅵ 15）、熒惑は心前星を守った。

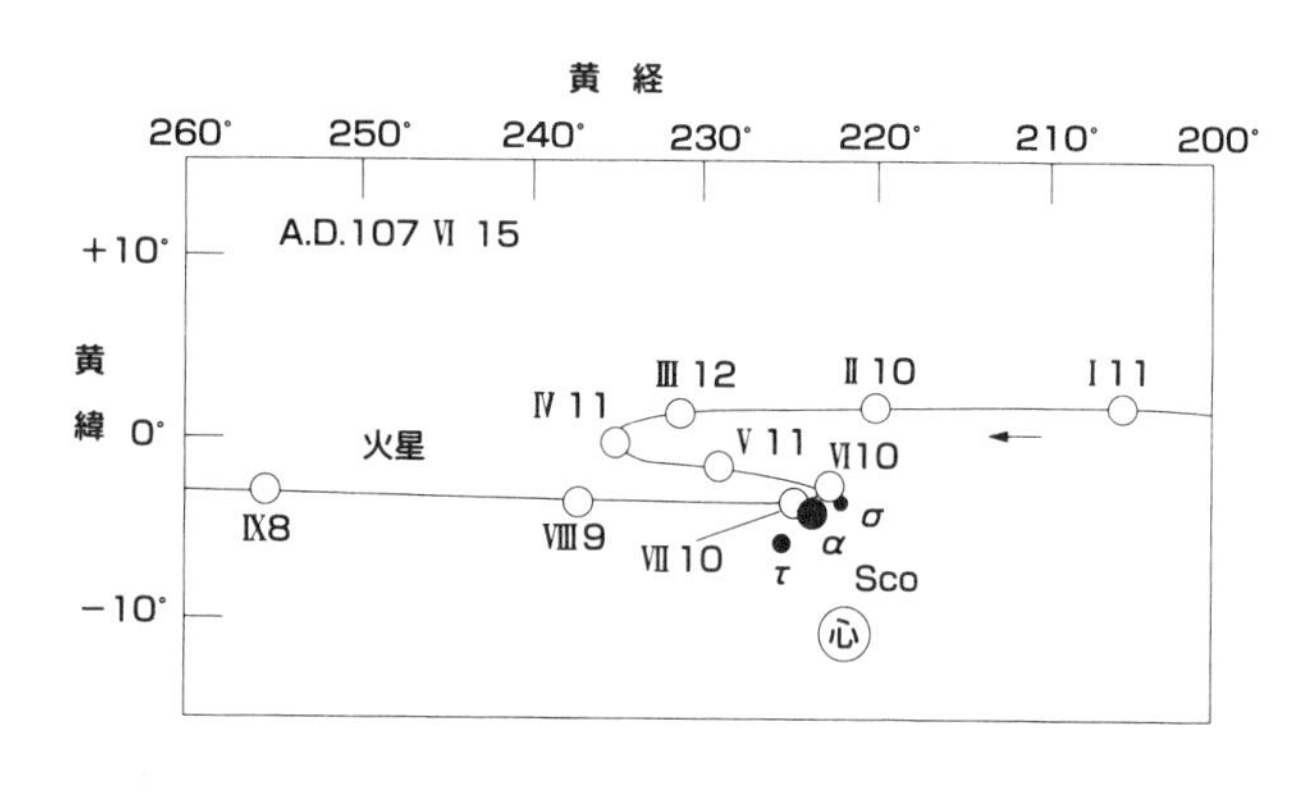

以後逆行して六月二〇日に二二一度でふたたび留、以後東行に戻った。図7−6はこの状況を描いたもので、第二回目の留の前後で心三星を犯しており、とくに六月一五日には心前星（さそり座シグマ星）の北〇・六度にあって犯となった。まさに記事のとおりである。

〈No.6〉

● AD一八六年。漢靈帝・中平三年四月、熒惑逆行、守心後星（続漢書天文志）

○ 高句麗・故国王八年夏四月乙卯（二二日）、（一八六年五月二八日）、熒惑守心。（三国史記・高句麗本紀）

この同時記録においても、高句麗本紀のほうが月日をハッキリ書いている。これはNo.4とともに高句麗における独立観測だろう。

AD一八六年四月一六日に、熒惑は黄経二三九・

図7-7
中平3年4月（186 V）、熒惑が心宿を守った。

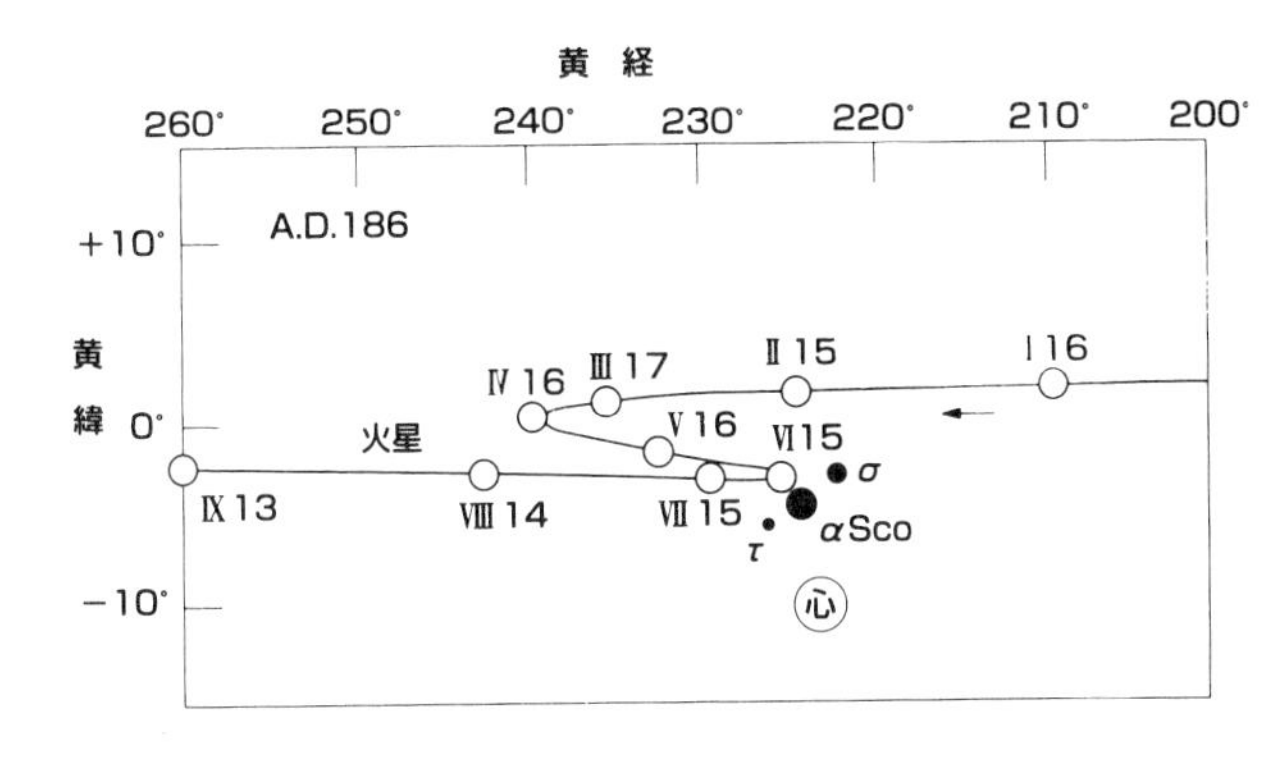

五度で留、のち逆行し、六月一五日二二五度でふたたび留。ここは心大星（さそり座アルファ星）の北東一・五度にあった。その間に心後星（さそり座タウ星）と黄経合となっている。図7－7はその状況を描いたもので、りっぱな守心記事であることがわかる。

〈No.7〉

● AD二八七年四月。晋武帝・太康八年三月、熒惑守心。占曰、「王者悪之。」大熙元年四月乙酉［己］（二〇日）（AD二九〇年五月一六日）、帝崩（晋書天文志・宋書天文志）

この記事は不審だ。AD二八七年四月中に、熒惑は黄経七九～九六度を順行中で、心宿（二二四～二二七度）とはまったく合わない。三年後の武帝崩御の前兆とすることも無理だろう。武帝崩御に引っかけて天変記事捏造の疑いがある。

図7-8
恵帝・元康9年（299）6月、熒惑は心宿ではなく、壘壁陣を守った。

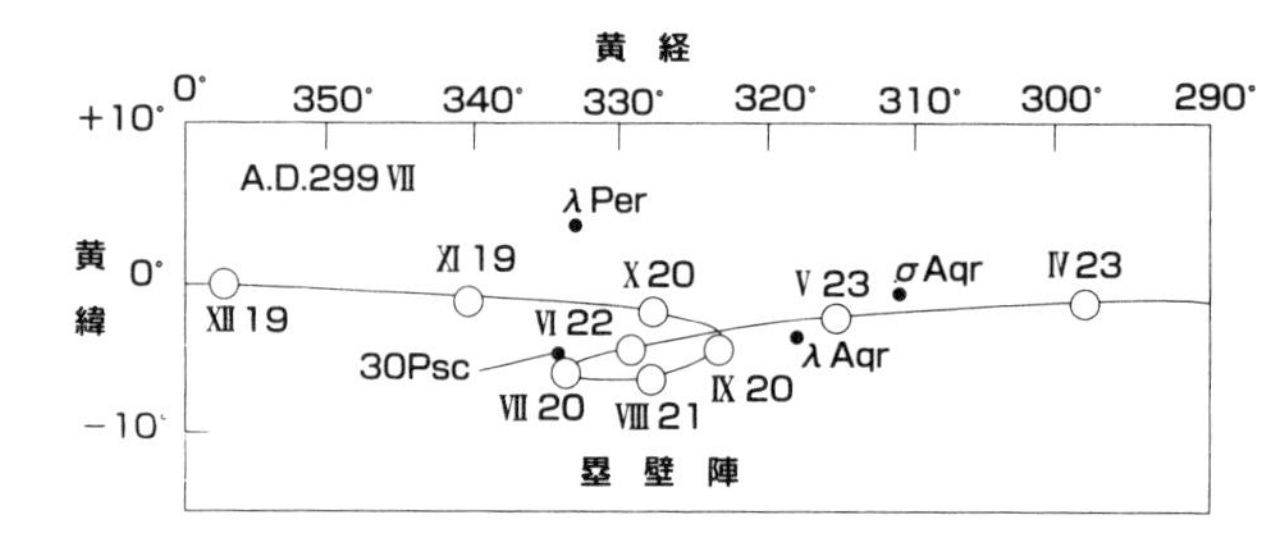

〈No.8〉

● AD二九九年七月。晋恵帝・元康九年六月、熒惑守心。占曰、「王者悪之」（晋書天文志）

○ 元康九年二月、熒惑守心（宋書天文志）

この記事はやや不審。AD二九九年七月二〇日に熒惑は黄経三三四度で留、逆行して三二三度でふたたび留、以後順行に戻った。熒惑が留となったのは壘壁陣内の三二五～三三五度のあいだであって、心宿（二二四～二二八度）とはおおいに違う。

図7－8はこの状況を描いたもの。たしかに『晋書天文志』の記すとおり、元康九年六月に螢惑は「守」を起こしているが、その場所が心宿から一〇〇度も隔たった壘壁陣であるのは不審だ。一方、『宋書天文志』は「二月」としていて、そのとき熒惑は黄経二六〇度のあたりを順行中であったから話がまったく合わない。

図7-9
光熙元年9月［閏8月］丁未（306 X 17）、熒惑守心ではないが、心入宿ではある。月名誤記か。

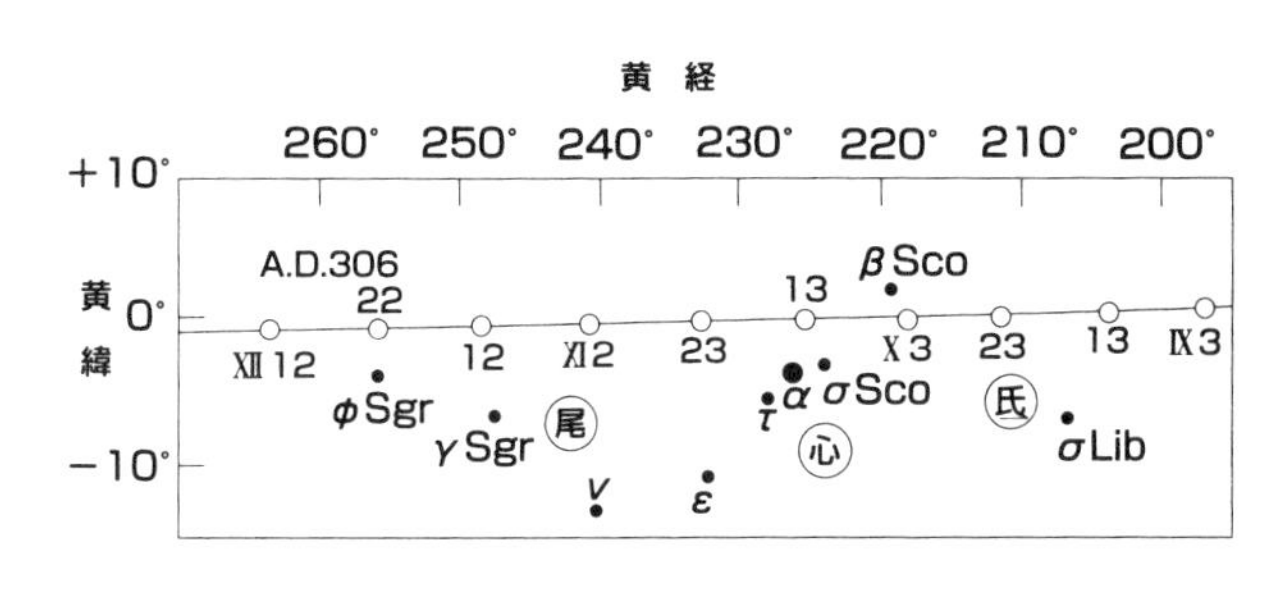

〈No. 9〉

● AD三〇六年一〇月。晋恵帝・光熙元年九月丁未（なし）、熒惑守心。占曰、「王者悪之」（晋書天文志・宋書天文志）

九月中に「丁未」なし。後述のような誤記があるだろう。AD三〇六年中、熒惑は順行中であり、留も逆行も起きていない。順行中ながら一〇月一一日ごろ心前星（さそり座シグマ星）と黄経合となり、一〇月一七日には心後星（同タウ星）とも黄経合となっている。図7-9はその状況を描いたもの。

いま記事の「九月丁未（なし）」を「閏八月丁未（二四日）」と読みかえてみると、期日は一〇月一七日となるから、これはまさに心後星との黄経合の日とピタリと一致する。すなわちこの日、熒惑は心後星の北五・五度のあたりにあった。別段「犯」でも「守」でもないが、何かの勘ちがいで「守心」と記録されたも

図 7-10
太清 3 年（549）の熒惑守心。

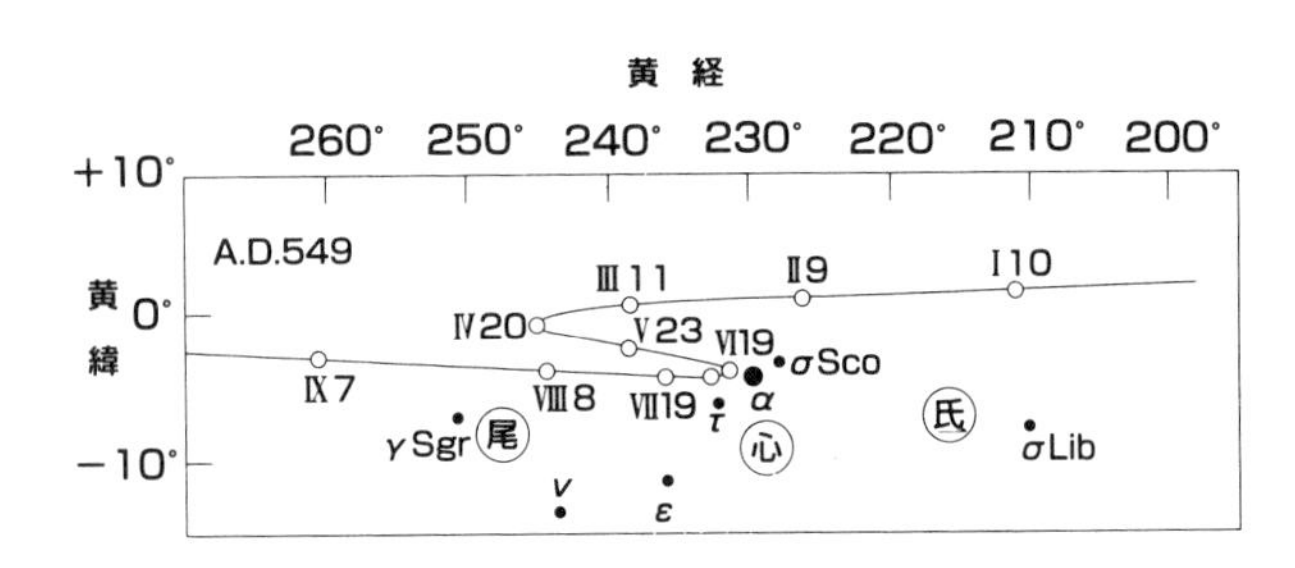

のらしい。しかも月名を誤記している。これはあるいは暦法のちがいかもしれない。「九月」と「閏八月」とは同月であるから。

〈No.10〉

● AD三一一年一一月。晋懐帝・永嘉五年一〇月、熒惑守心。後二年（三一三）、帝崩於虜庭（宋書天文志・晋書天文志）

この記事は不審。AD三一一年中には熒惑は順行中であり、また心宿にも近づかない。これも帝崩御に関連づけた捏造記事か。

〈No.11〉

● AD五四九年三月一〇日。梁武帝・太清三年正月壬午（二六日）、熒惑守心（梁書武帝紀・隋書天文志）

図 7-11
貞観 17 年（643）の熒惑守心。

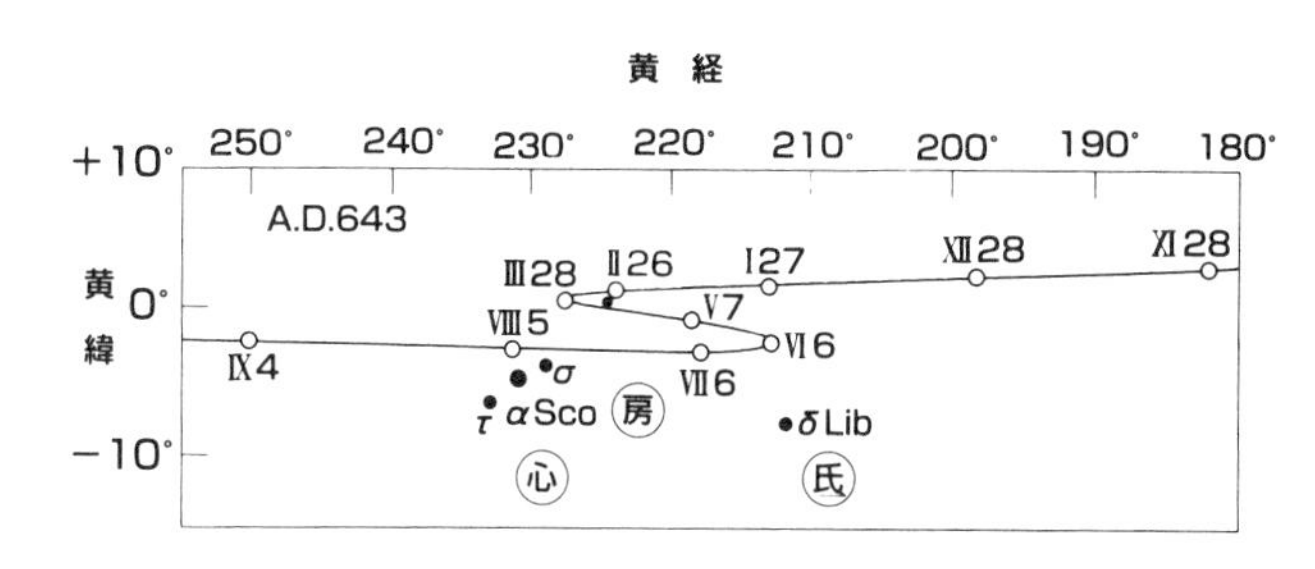

○ AD五四九年五月三日。太清三年三月丙子（二一日）、熒惑又守心。占曰、「大人易政、主去其宮」。又曰「人饑亡。海内哭。天下大潰」。是年、帝為侯景所幽崩（隋書天文志 下）

熒惑は五四九年四月二〇日に、黄経二四五度で留、逆行して六月一九日ごろ黄経二三二度でふたたび留、以後順行に戻った。図7－10はその状況を描いたもの。たしかにこの年に熒惑守心が起きているが、期日はひと月半ほど遅れて六月一九日ごろである。

〈No. 12〉

● AD六四三年四月一日。唐太宗・貞観一七年三月丁巳（七日）、熒惑守心前星。一九日退（旧唐書天文志 下、新唐書天文志 三）

熒惑は六四三年三月二八日に黄経二二八度で留、以後逆行し、六月六日に二一三度でふたたび留、のち順行

図7-12
天宝13載（754）の熒惑守心。

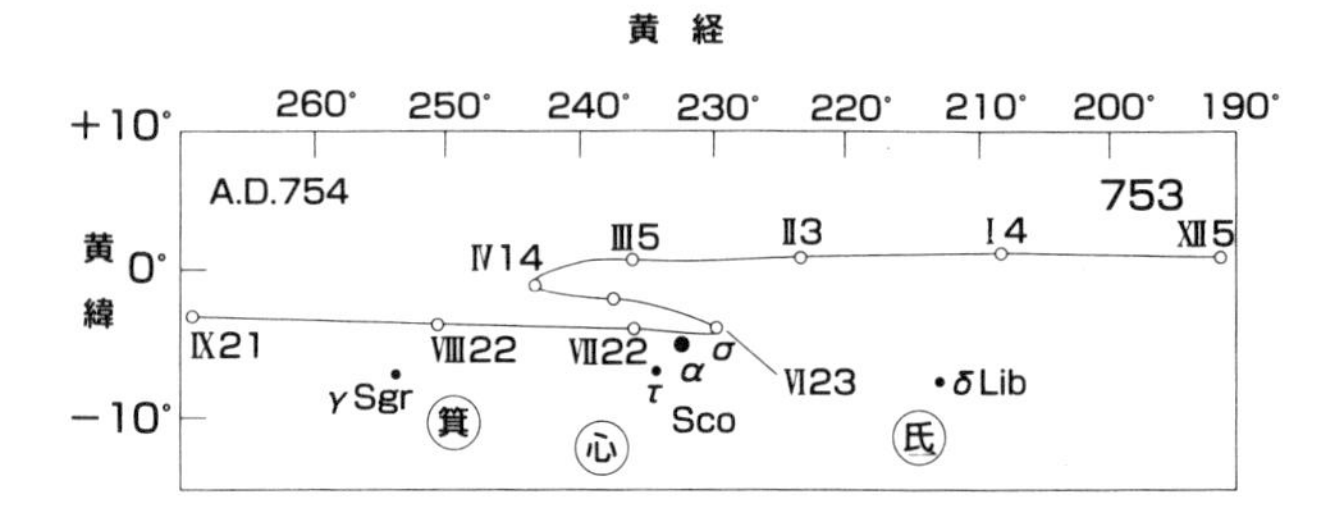

に転じた。

図7−11はその状況を描いたものである。記事の日付のころ熒惑は心前星（さそり座シグマ星）の北五度のあたりにあった。「守心」といってもよいだろう。記事の「一九日退」とは、留の状態が一九日間継続したあとに逆行を開始したことを示しているものと思われる。

〈No.13〉

● AD七五四年六月。唐玄宗・天宝一三載五月、熒惑守心、五旬余。占曰、「主去其宮」（旧唐書玄宗紀、新唐書天文志 三）

熒惑は七五四年四月一四日に、黄経二四四度で留、以後逆行して、六月二三日に二二九度でふたたび留、のち順行に転じた。第二の留のころ、心前星（さそり座シグマ星）とほとんど接触した。図7−12はその状

図 7-13
大和 7 年（833）の熒惑守心。

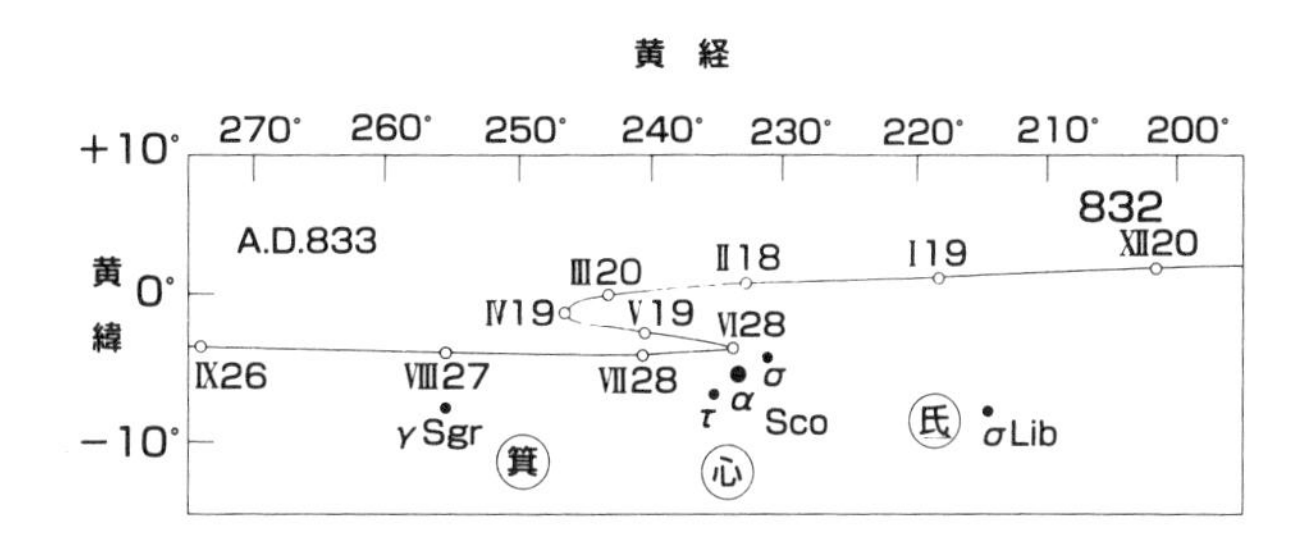

況を描いたもの。記事の「心を守ること五〇日余り」は適切な表現だろう。

〈No.14〉

● AD八三三年六月九日。唐文宗・大和七年五月甲辰（九日）、熒惑守心中星（新唐書天文志 三）

熒惑は八三三年四月一九日ごろ黄経二四七度で留、以後逆行し、六月二八日ごろ二三三・五度でふたたび留、のち順行に転じた。図7-13はその状況を描いたもの。熒惑が心中星（心大星と同じ）と黄経合になったのは第二の留（六月二八日）のころだから、記事の期日はやや早すぎるが、一応この期間に守心が起きている。

〈No.15〉

● AD八六九年。唐懿宗・咸通一〇年春、熒惑逆行、守心（新唐書天文志 三）

図7-14
乾寧2年（895）の熒惑守心。

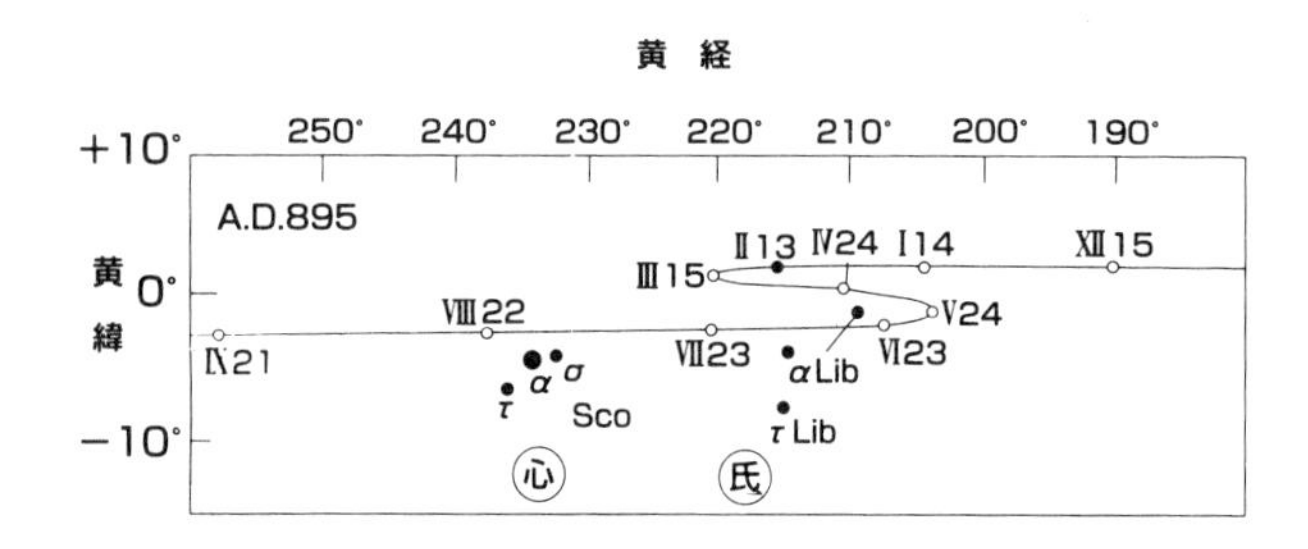

この記事は不審。AD八六九年二月〜四月のころ、熒惑は黄経二六五〜三三二度にわたって順行しているので、記事の「逆行、守心」と合わない。この年に熒惑は九月二七日〜一一月二六日のあいだに逆行しているが、その場所は黄経四三〜二六度の間であり心宿ではない。すなわち時期も星宿も合わない。この年の前後を調べても該当する個所がない。錯簡を疑いうる。

〈No.16〉

●AD八九五年八月二日。唐昭宗・乾寧二年七月癸亥（八日）、熒惑守心（新唐書天文志 三）

熒惑は八九五年三月一五日ごろ黄経二二〇度で留、のち逆行し、五月二四日に黄経二〇三・五度でふたたび留、のち順行に転じた。

図7-14はその状況を描いたもの。すなわち、熒惑はこのときてんびん座にあって「守氐」だったが、「守

図 7-15
乾化 2 年（912）の熒惑犯心大星。

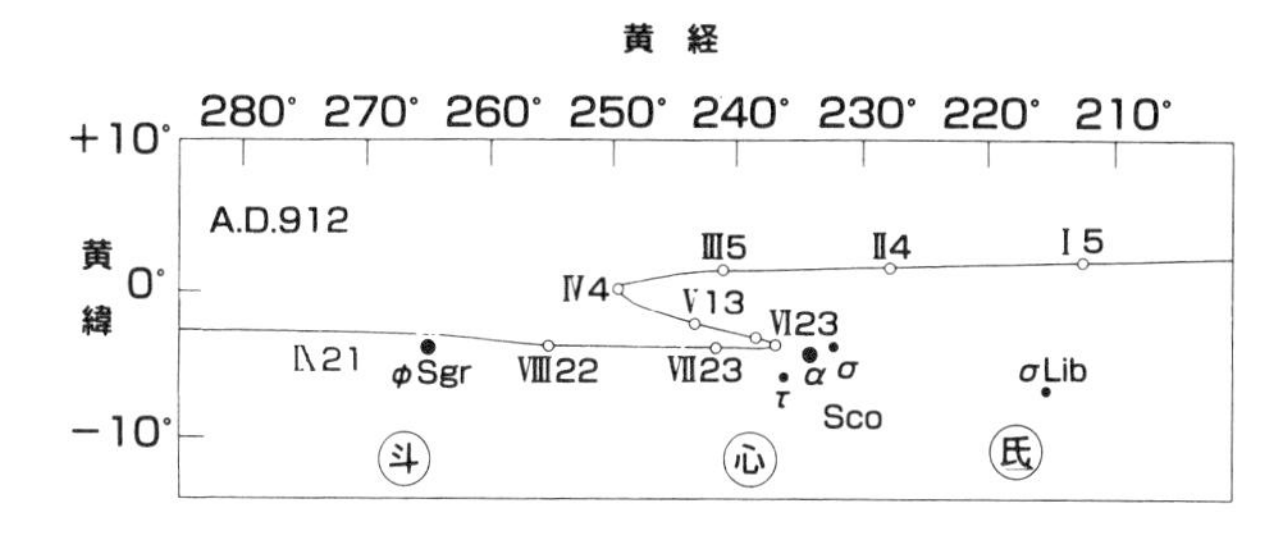

心」ではなかった。記事の日付の八月二日には黄経二二五・八度にあり、八月一二日ごろ心前星（さそり座シグマ星）と黄経合となり心宿に入った。この記事は「守氐」を無理に「守心」と書いた例のひとつである。

〈No.17〉

● AD九一二年六月二日。梁太祖・乾化二年五月壬戌「辰」（二四日）、熒惑犯心大星、去心四度、順行。占曰、「心為帝王之星。其年六月五日、帝崩」（旧五代史天文志・新五代史司天考）

この記事は正確。熒惑は九一二年四月四日ごろ黄経二五〇度で留、のち逆行し、六月二三日ごろ二三七度でふたたび留、以後順行に転じた。図7-15はその状況を描いたもの。

記事の「壬戌」は誤記で、正しくは「壬辰」と認める。訂正した期日の六月二日に、熒惑は黄経二四一・

図7-16
顕徳6年（959）の熒惑守心。

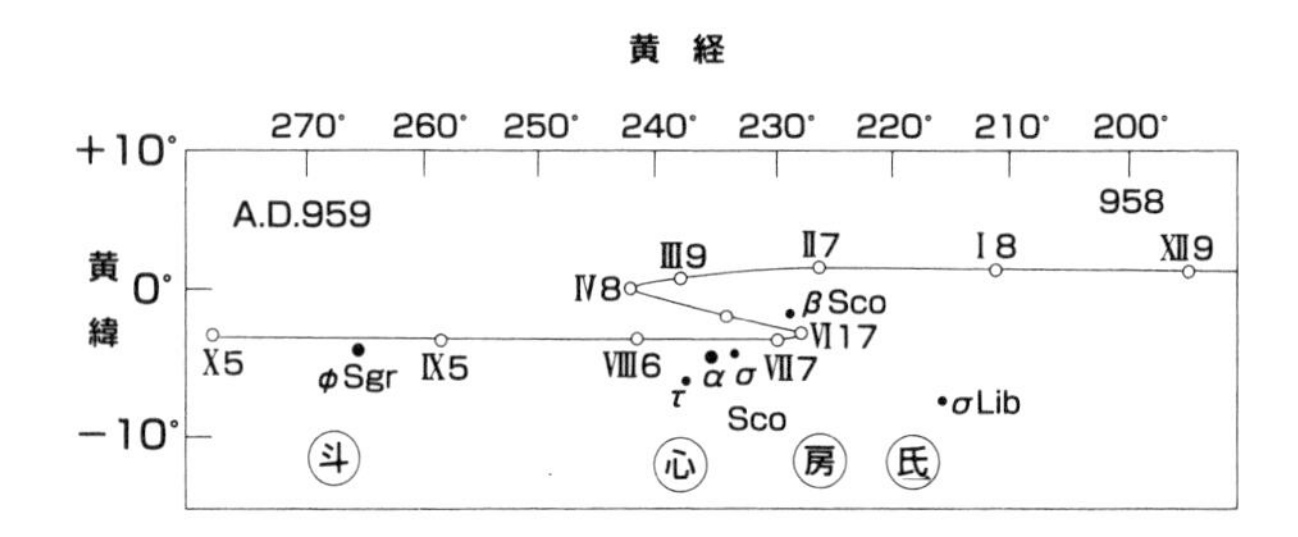

一度、黄緯マイナス三・〇度にあり、心宿の東端に達していた。ここは心大星の東六度ほどにあり、記事の「去心四度」ともほぼ合う。

〈No.18〉

● AD九五九年八月三日。周世宗・顯徳六年六月庚子（二六日）、熒惑与心大星合度。光芒相射。先是、熒惑勾己干房心間、凡数月。至是、与心大星合度、是夜順行。（旧五代史天文志）

熒惑は九五九年四月八日ごろ黄経二四二度で留、のち逆行し、六月一七日ごろ二二七・五度でふたたび留、その後順行に転じた。図7-16はその状況を描いたもの。記事の期日である八月三日には心後星（さそり座タウ星）とほぼ合であり、このとき心宿を去ろうとしていた。これより前に、心・房のあいだで「勾己」となっていたとはそのとおりだった。

図7-17
宝元元年（1038）の熒惑犯心前星。

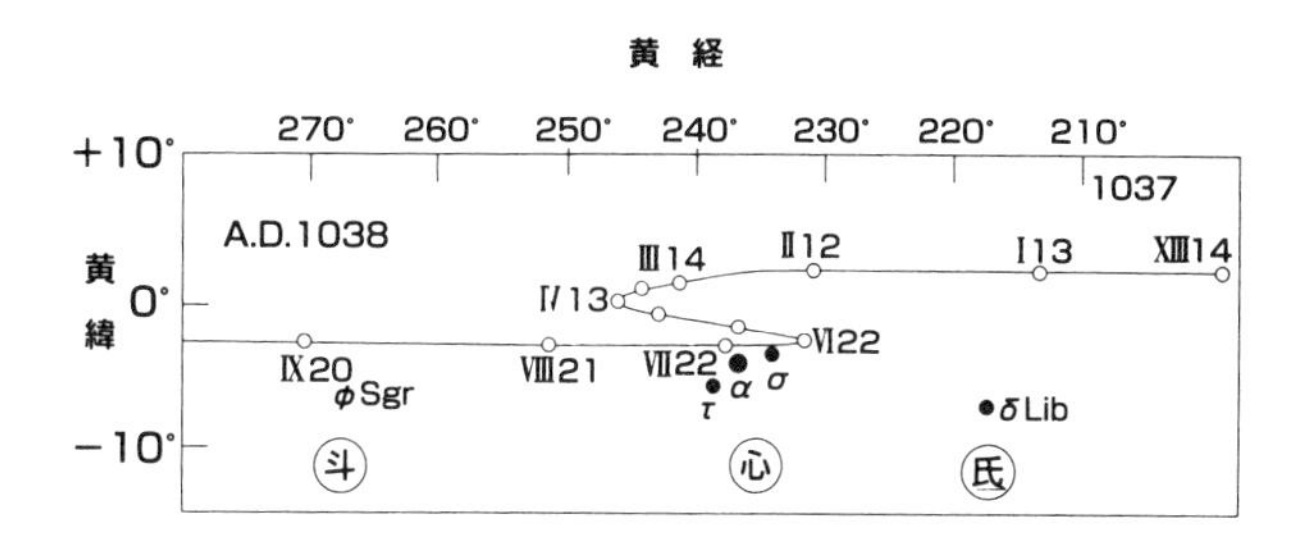

〈No.19〉

● AD一〇三八年七月九日。宋仁宗・宝元元年六月庚午（一五日）、熒惑犯心前星（宋史天文志　八）

熒惑は一〇三八年四月一三日ごろ黄経二四六度で留、のち逆行し、六月二二日ごろ二三一度でふたたび留、その後順行に転じた。図7－17はその状況を描いたもの。

記事の期日である七月九日は黄経二三三度にあり、ここは心前星（さそり座シグマ星）の西〇・五度に接近していた。記事は「犯」とするが、さらに「守」でもあった。

〈No.20〉

● AD一一九六年六月二三日。宋寧宗・慶元二年五月甲辰（二五日）、熒惑守犯心前星（宋史天文志　八）

図7-18
慶元2年（1196）の熒惑守心。

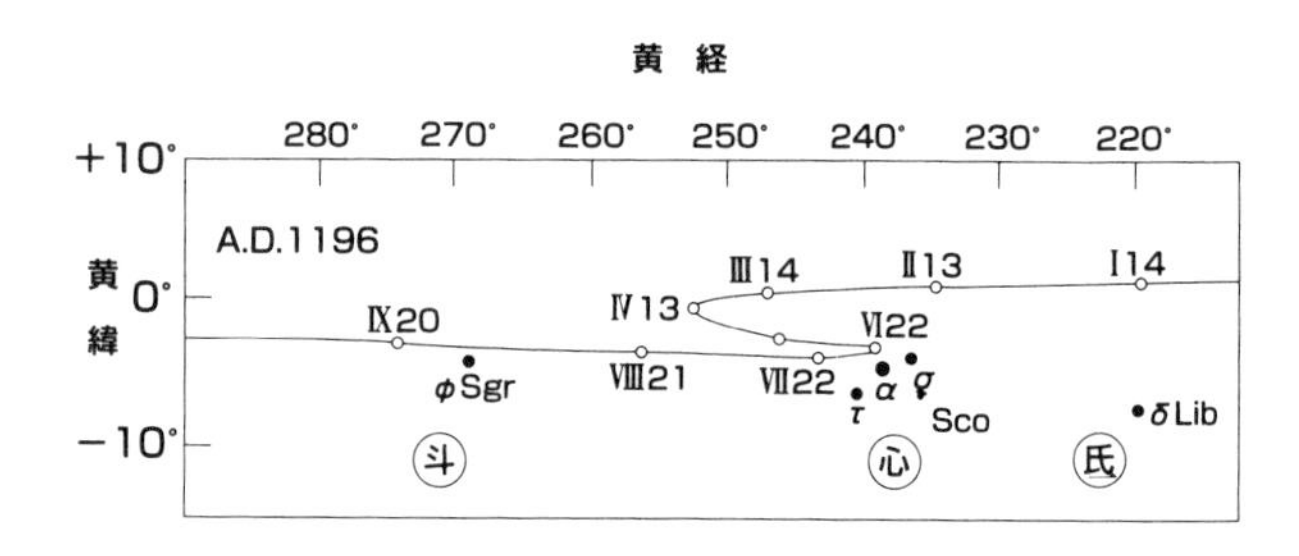

この記事は観測記録として模範的だ。熒惑は一一九六年四月一三日ごろ黄経二五三度で留、のち逆行し、六月二二日ごろ二三九度でふたたび留、以後順行に復した。図7－18はその状況を描いたものである。記事の期日六月二三日には心大星の北に接近して、しかも留になっている。

〈No.20a〉

後出の第八章の図8－4には、一二四二年の「熒惑犯房」の図を掲げてある。そこを見られたい。

〈No.21〉

● AD一三二二年七月二〇日。元英宗・至治二年六月壬申（六日）、熒惑犯心宿距星（元史天文志 二）

この記事はまことに正確。熒惑は一三二二年四月一

図7-19
至治2年（1322）の熒惑犯心距星。

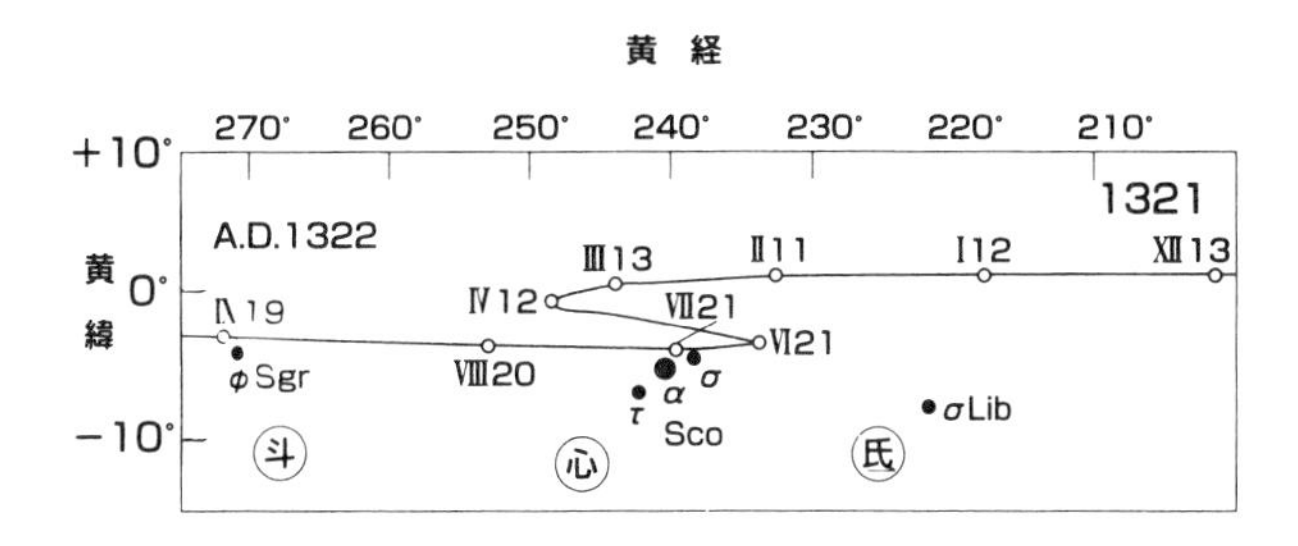

二日ごろ黄経二四八度で留、のち逆行し、六月二一日ごろ二三三・五度でふたたび留、以後順行に復した。図7－19はその状況を描いたもの。記事の七月二〇日に熒惑は心距星すなわち心前星の北〇・六度に接近し、黄経合でかつ犯であった。

〈No.22〉

● AD一三九八年。明太祖・洪武三一年一〇月、
熒惑守心（明史天文志　二）

この記事は不審。一三九八年中に熒惑は順行中であり、心宿にも近づかず、またどこでも「守」を起こしていない。

ただし、歳星（木星）が同年末に黄経一五八〜一四八度（しし座）中で逆行していた。しかしそれの誤記とも思えない。洪武三一年閏五月乙酉（一三九八年六月二四日）に、太祖が崩御しており、これに関連した

図 7-20
万暦 34 年（1606、グレゴリオ暦）の熒惑守心。

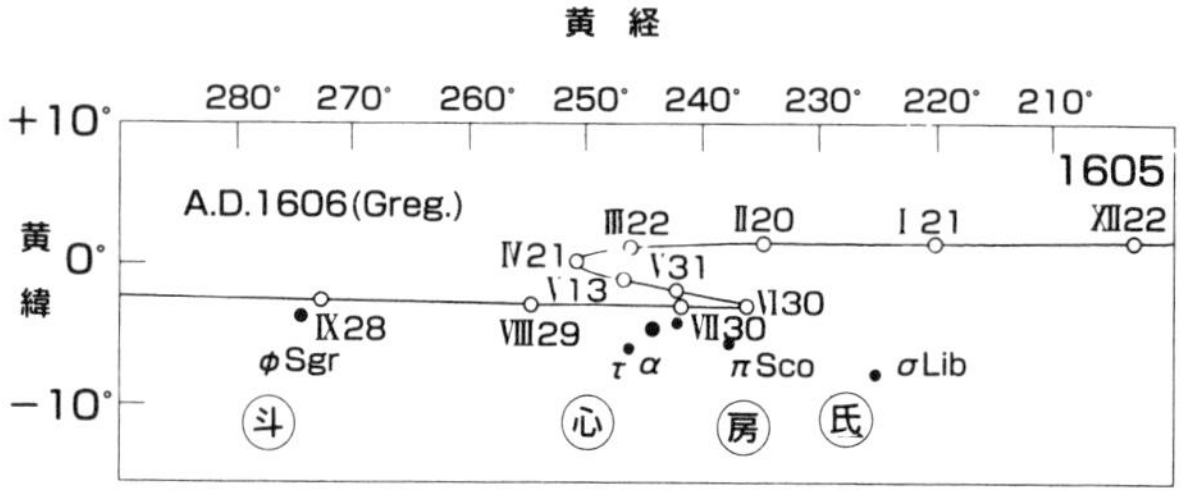

捏造記事か。

〈No.23〉

● AD一六〇六年（これ以後はグレゴリオ暦日とする）。明神宗・万暦三四年四月己巳「乙巳」（七日）、熒惑守心。五月戊寅（一一日、六月一五日）、犯房。癸未（一六日、六月二〇日）、自心退、入氐。（明史天文志　二）

熒惑は一六〇六年四月二一日（グレゴリオ暦日、以下も同じ）のころ黄経二五〇・七度で留、のち逆行し、六月三〇日ごろ二三五・七度でふたたび留、以後順行に復した。図7－20はその状況を描いたもの。四月中に「己巳」の日はない。「乙巳」（七日、五月一三日）の誤記か。

この日に熒惑は黄経二四七度のへんを逆行中で、心後星とも黄経合となった。また六月一五日ごろ二三

図7-21
崇禎11年（1638、グレゴリオ暦）の熒惑守心。

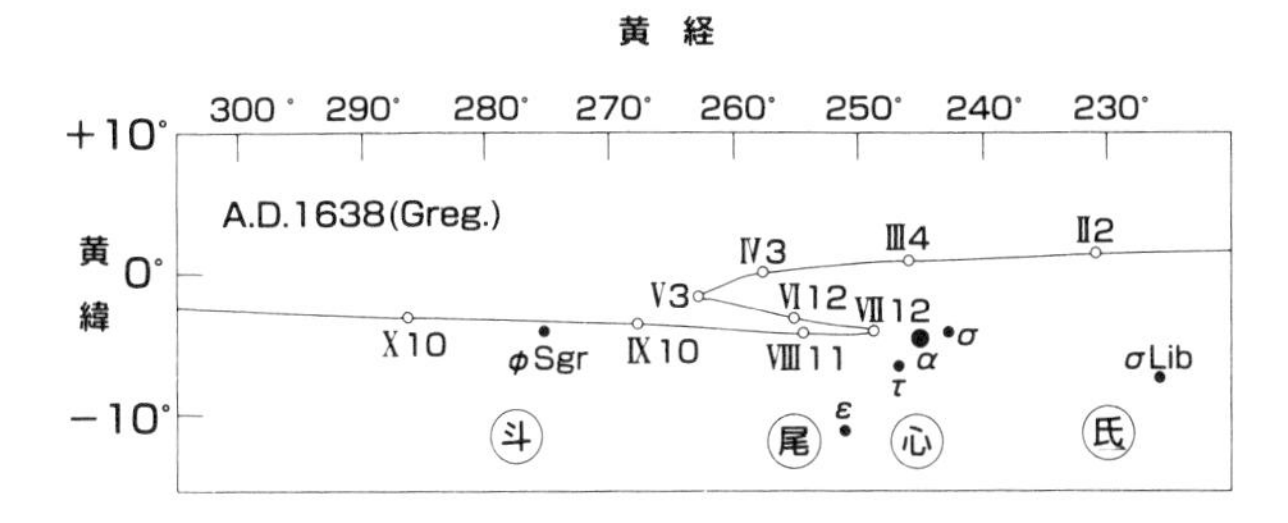

七・五度にあり、房距星（左服という）すなわち、さそり座パイ星と合となって、記事の「犯房」とも合う。その後、熒惑は二三五・七度で第二の留となり、以後東行したから、記事の「自心退、入氐」はやや期日が合わない。

〈No.24〉

● AD一六三八年。明毅宗・崇禎一一年、自春至夏、熒惑守尾、百余日。四月己酉（一六日、五月二九日）、退行尾八度。揜於月。五月丁卯（五日、六月一六日）、退尾入心（明史天文志 二）

熒惑は一六三八年五月三日ごろ黄経二六三度にあって留、以後逆行して七月一二日にふたたび留、以後順行に復した。図7－21はこの状況を描いたもの。五月二九日に尾宿東部にあり、六月一六日ごろは逆行中であり、やがて心宿に入る。

〈No.25〉

● ＡＤ一六四二年六月。明毅宗・崇禎一五年、熒惑守心（明史天文志　二）

熒惑は一六四二年九月二九日に黄経四七度で留、のち逆行し、一二月八日ごろ三二度でふたたび留、以後順行に復した。上記の逆行中の星宿は婁・胃（おひつじ座）であって心宿（二四三〜二四六度）とは大ちがい。熒惑がどこかで「守」を起こせば、それがどこの星宿であっても「守心」と書くような慣習になってしまったのであろう。

もっとも守を起こした月が不合であるから、これは不審記事とすべきかもしれない。

「熒惑守心」の特徴

中国では古代から「熒惑守心」が重大な天変のひとつとされていたが、以上の記録を調べて、その特徴をつぎに箇条書きにして掲げよう。

一、熒惑守心は帝王崩御の予兆とする思想があった。したがって両者の併記が目立つが、なかには捏造記事もある。（No.3、4、7、10、17、22）

二、熒惑守心の記事は中国に多いが古代朝鮮にも二例ある（No.4、6）。一方、日本には「熒惑守心」と書いた記事はひとつもない。しかし「熒惑逆行」（ＡＤ七二〇、七二四、八七九、八八〇年）、「熒惑守氐」（八六四年）、「熒惑守天江」（八七八年）などがある。

三、「守心」といっても、東隣の尾宿や西隣の房・氐宿内で「守」となったものまで「守心」として
いる例が目立つ。そのほかに角宿や塁壁陣のようなかなり離れた星宿を守った記事もある。（№.
3、4、8、11、12、16、19、22）

四、検算と合わない不審記事が五例ある（№.9、15、22、24、25）。全体として的中率は二五例中の二
○例、すなわち八○％である。近世の『明史天文志』に不審記事が比較的多いのは理解しにくい。
一方、『清史稿』には「熒惑守心」はひとつもない。

五、№.1と№.2で指摘したとおり、戦国時代におけるBC年の「一年ずれ」は今後慎重に検討する価
値があるだろう。

〔参考文献〕

斉藤国治「熒惑守心を考える」『星の手帖』巻六〇、一九九三春
薮内清『世界の名著』「中国の科学」中央公論社、一九七五
斉藤国治・小沢賢二『中国古代の天文記録の検証』雄山閣出版、一九九二
董作賓『中国年暦簡譜』藝文印書館、一九七五
方詩銘・方小芬『中国史暦日和中西暦日対照表』上海辞書出版社、一九八七
B.Tuckerman, "Planetary, Lunar and Solar Positions" I, 1962; II 1964
M.A. Houlden and F.R. Stephenson, "A Supplement to the Tuckerman Tables", 1986

第八章　チンギス汗を助けた天文官

金王朝の滅亡

耶律楚材（一一九〇～一二四四年）は蒙古を大帝国にまで育て上げた宰相であり、かつ天文家であった。若くして蒙古（のち元王朝）の太祖・チンギス汗（一一六七?～一二二七年）に仕え、ついで二代目太宗・オゴテイ汗（在位一二二九～一二四一年）に仕えた。

耶律家の一族はもと遼王朝の皇族の出身だった。遼王朝は東蒙古の契丹族の首長・耶律阿保機が九一六年に建てた政権であり、のちに遼王朝と称した。しかし遼は東隣に興った女真族の金王朝に一一二五年に併合された。耶律一族はその優れた人材を認められて、金王朝の重臣として迎えられた。一族のうち耶律大石だけは西に逃れて西遼を建てたが、一二一一年に滅ぼされている。

楚材は金王朝に仕えた父・履の晩年の子として一一九〇年に生まれた。楚材という変わった名の由来については、つぎのような挿話が伝えられている。『春秋左氏伝』の襄公二六年（BC五四七年）の条に、楚の国の人材は楚の国を逃れて晋の国に迎えられ、そこで重用された、という故事がある。父・履は皇族の末裔であるわが身が自国の復興を見ずに他国に仕えて暮らすことに万感の嘆きをこめて、わが子を「楚材」と命名したというのである。

楚材が三歳のとき、父・履が死んだ。母・楊氏は学識ある家の出身であったので、幼い楚材には十分な教育を授けた。そのうえ履は金政府内では尚書（文部大臣）などを歴任していたから、家のなかには多くの蔵書があった。『元史』列伝・三三の耶律楚材の項には、

● 長ずるに及び、ひろく群書を極め、かたわら天文・地理・律暦・術数・医卜の説にまで通じていた。

と記されている。

金王朝は一二三四年に蒙古のために滅ぼされた。楚材四五歳（数え年、以下も同じ）のときである。ところが、楚材は金の滅亡よりもかなり前に、蒙古政権によってスカウトされていたらしい。彼は生まれながら身の処し方が早かったようである。その後彼はチンギス汗の側近として、チンギス汗と行動をともにしている。

チンギス汗の信頼を得る

楚材がいつ蒙古陣営に加わったのかはハッキリしないが、早い時期の記録としてつぎのような話が残っている。

己卯年（一二一九年）の夏六月、チンギス汗は騎馬隊を調えて、西方の回回国（ホラズム）を討とうと

した。そしていよいよ出陣の旗挙げをするという日に、三尺（九〇センチ）も積もる大雪が降った。旧暦六月という盛夏に大雪があったというので、チンギス汗は壮途に不吉を感じて、楚材に判断を求めた。楚材の答は、

「これは玄冥（北方の雨水の神）の気が盛夏に現われたものであり、敵に克つという徴であります」

と奏上して汗を励ました。汗は喜んでその月に西方ホラズム遠征に出発した。世にこれを「大西征」という。三〇歳の楚材はチンギス汗の側近として同行した。

翌庚辰年（一二二〇年）の冬に、チンギス汗の軍隊は、作戦中に大雷雨に見舞われた。このときも、楚材はチンギス汗の問いに答えて、

「回回国の主がまさに野にあって死のうとしております」

と奏上した。そしてこれはそのあとで真実のことと判明している。

このように楚材は次第にチンギス汗の信頼を受けることが厚くなっていったが、やがて周囲の嫉みをかうことにもなった。夏の人、常八斤は弓づくりの名人で、前からチンギス汗に寵愛されていたが、あるとき彼は汗に向って誇らしげに、

「国家はまさに武を用うべきです。耶律という儒者などは何の用になるでしょうか」

と申し上げた。それを聞いて楚材は、

「たしかに弓を治めるには弓の匠を採用すべきです。同様に、天下を治めるには天下の匠を採用すべ

きではないでしょうか」

と奏上した。チンギス汗は手を打って喜び、日ごとに楚材への信頼の度を深めたという。チンギス汗は征討のたびに、かならず楚材に命じて易占をおこなわせた。あるとき、チンギス汗自身も加わって、羊の胛肝骨を灼いて占いをしていた。そばには彼の息子のオゴテイ（のちに二代目太宗となる）がいた。チンギス汗は楚材を指さして、

「この者は天帝がわが家に賜った人である。これから後は、軍事でも民政でもことごとく彼に相談せよ」

とまで言ったという。

庚午元暦をつくる

蒙古は初めのころ、金の「大明暦」を流用していた。しかし問題が生じた。大明暦法では、庚辰年（一二二〇年）五月望夜に月食が起こると予報されていた。しかし当夜に月食は「不正見」だった。また同年二月朔と五月朔の夕方に、西南の空に二日月が望見された。本来「朔」の日に月は見えないはずである。これによって、そのころ中書令であった耶律楚材は、大明暦が天度（天の運行）に遅れていると断定して、改暦の企てに乗り出した。列伝の記事によれば、彼は、
● 節気の分を減らし、周天の秒を減じ、交終の率を去り、月転の余りを治め、両曜（日月）の先後

を課し、五行（五惑星）の出没を調えて……

大明暦の欠陥を修正したと記してある。そしてできあがった新暦は「庚午元暦」と名づけられ、この暦の暦元（時間の原点）を庚午年（一二一〇年）と決めた。この年に蒙古は金国と国交を絶ち、翌年（一二一一年）に金への遠征を開始した記念の年だからであるという。

チンギス汗の「大西征」は一二一九年に始まり一二二四年までかかった。ちなみに、西域は中原から遠隔の地にあり、楚材は西域については暦算に「里差」の修正を施す必要があると感じた。楚材はそのことをチンギス汗に進言して、西域用として「西域庚午元暦」を編纂している。これはチンギス汗に上表されただけで、一般には頒布されなかった。

このように楚材は元王朝の初期のころ、いろいろ改暦に努力しているが、そののちに出た郭守敬（一二三一～一三一六）たちが本格的に改暦を企て、至元一七年（一二八〇）に『授時暦』を完成し、翌年（一二八一）から天下に頒行させた。楚材の仕事は郭守敬に先行していたわけである。

月食相論

前項で月食予報の誤算について述べたが、改めて詳細に解説しよう。興定四年（一二二〇年）、楚材三〇歳のときに、西域の暦家は回回暦を使って、

●「五月望に月食あるべし」

図8-1
興定4年（1220）5月望に、月食はおこらなかった。

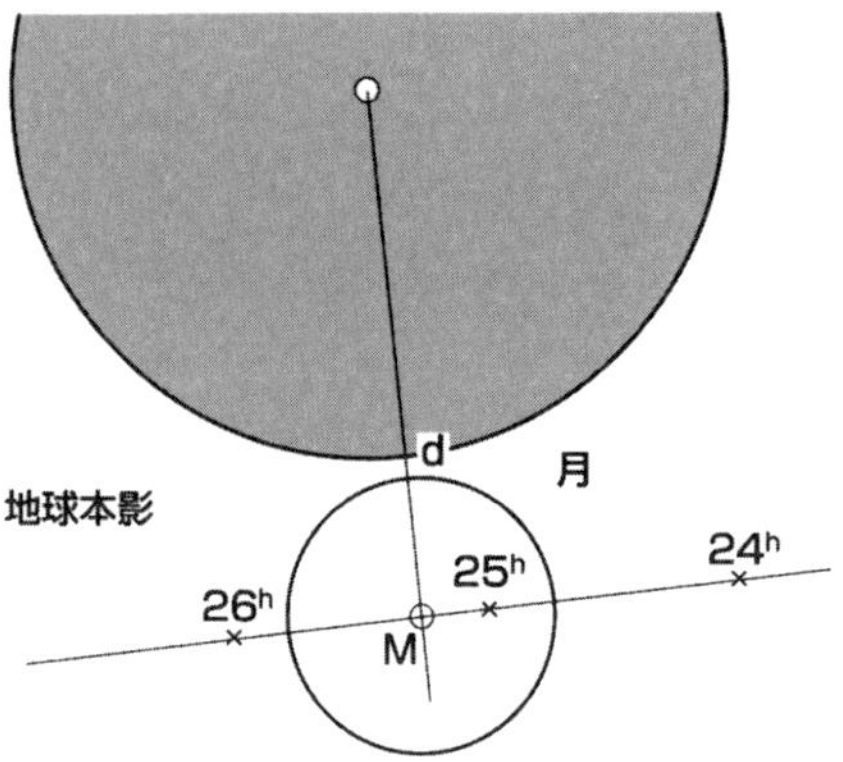

と奏上したが、楚材は「否」とした。結局当夜に月食は実見されなかった。すなわち、暦算の技において楚材の勝ちとなったわけだが、古天文学の立場からこれを検証してみよう。

興定四年五月一五日甲辰、望の日は西暦で一二二〇年六月一七日にあたる。この夜に地球の陰影円と月体とは二五時一五分（つまり翌日の一時一五分）に最接近となるが、月は地球の陰影内には入らず、その間わずかに〇・〇五度の隙間があって、「不食」だった。図8－1はその状況を描いたもの。時刻は北京平均時表示である。

この月食に関して『宋史』「天文志　五」には、

● 嘉定一三年五月甲辰（一二二〇年六月一七日）、
　月当に蝕すべし。雲陰にして不見。

とし、雲にかこつけてごまかしている。なお嘉定は南宋の年号である。

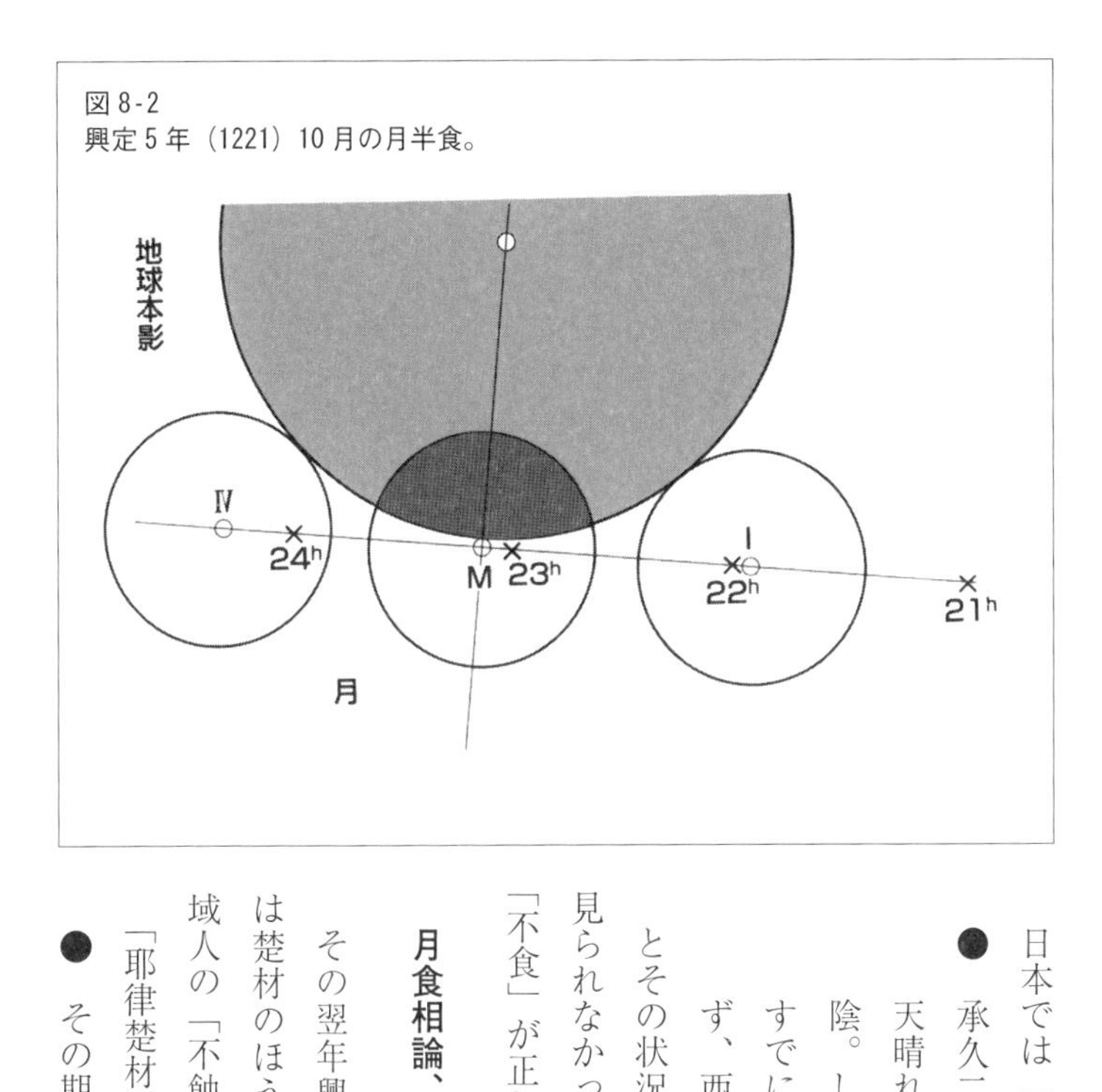

図 8-2
興定５年（1221）10月の月半食。

●日本では『玉蘂』に、

承久二年五月一五日（一二二〇年六月一七日）、天晴れ。今夜月蝕、重厄なり。……午後に天陰。しかして暁更に及びてまた晴につく。月すでに現わる、うんぬん。しかれども帯蝕せず、西山に没す。

とその状況が詳細に描かれているが、結局月食は見られなかったとしている。すなわち楚材の暦算の「不食」が正しかったわけである。

月食相論、ふたたび

その翌年興定五年（一二二一）一〇月に、こんどは楚材のほうが、「月食あるべし」と発表して、西域人の「不蝕」と対立した。

「耶律楚材列伝」には、

●その期に至りて、果して蝕八分。

と観測結果を明示している。ここで「蝕八分」とは一五分の八の意味だから、食分が〇・五三だったということ。この月食はオッポルツェル月食番号三七五八番という立派な部分月食である。

天文検算をすると、興定五年一〇月一六日（一二二一年一一月一日）の深夜に起きた月食であり、食の経過は左表のとおり（時刻は北京平均時表示）。

一二二一年一一月一日	欠け始め	食甚	食分	復円
北京平均時	二一時五八分	二三時〇八分	〇・四八	二四時一九分

図8－2はその状況を描いたものである。

ふたたび『宋史』「天文志　五」を引用すると、

● 嘉定一四年一〇月丙寅（一二二一年一一月一日）、月蝕。

とある。これでは暦算の結果なのか、実見の結果なのかがわからない。一方、日本にはいくつも記録が残っているが、まず『承久三年具注暦』には、

● 承久三年一〇月一六日丙寅（一二二一年一一月一日）、火、平、望、月蝕。

一五分の八半強（食分〇・五八）

虧初　亥一刻八〇分半（二一時二八分）

加持　亥六刻六七分（二二時三八分）
復末　子三刻二五分半（二三時四八分）

と詳しいが、これらはもちろん暦算値である。文中のカッコ内の数値は、筆者が宣明暦算法によって現用時に換算した数値である。これらは筆者の表値と較べて一様に三〇分ほど遅れている。一方、オッポルツェルの値は食甚時刻を北京時刻に換算すれば二三時〇七分、食分は〇・四六となるから、これらは筆者の値に近い。

『日本天文史料』（一九三五）には、『承久三年具注暦』のほかに三個の記録を載せているが、いずれも「月蝕御祈」とあるだけで、当夜に月食を実見したのかどうかわからない。

ハレー彗星

「列伝」によると、

㊉ 太祖一七年壬午年（一二二二年）八月、長星西方に現わる。

とあり、楚材はこの天変を占って、「女真まさに主を易えんとす」と奏上している。女真とは金王朝の民族名である。果たして明年（一二二三）に金・宣宗が死んで、金王朝最後の王・哀宗が跡を継いだ。

この彗星は有名なハレー彗星のことであって、世界各地で観測がなされて、その記録は豊富にある。八月一五日にイタリアのミラノで初めて発見され、九月三日に高麗の開城で、九月八日に日本の京都と鎌倉

図8-3
A.D.1222年のハレー彗星は世界各地で見られた。

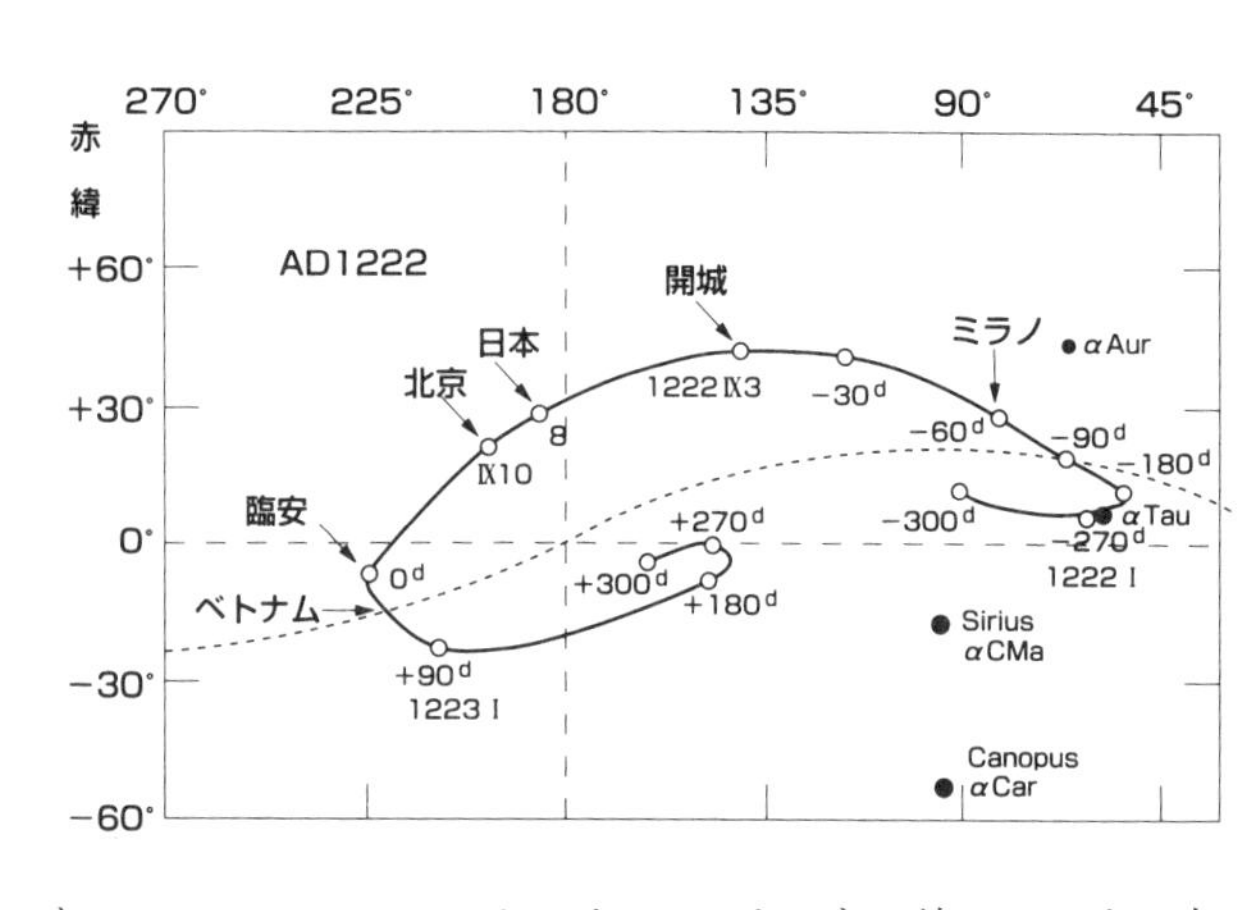

で、九月一〇日に金都（現在の北京）で、九月二五日に南宋の臨安（現在の杭州）で、そして最後には一〇月に入って越南（ベトナム）で記録が残されている。

ここで興味深いのは、東洋での観測の期日が土地の緯度の高いところから低いほうへと順に移っていることである。これはこのときのハレー彗星が天球上で北から南へと下っていったことを反映している。なお、このときのハレー彗星の天球上運行の軌跡の計算結果は、赤経・赤緯座標で表わすと図8－3のとおりである。図の説明は第二章の図2－2のところを参考にしていただきたい。

一角獣のナゾ

ところで、チンギス汗の西征のしかたは実に徹底した絶滅作戦だった。ある城市を攻略するにあたり、初めに無抵抗降伏すれば許されるが、すこしでも反抗すれば、その城市が陥落したあと、「屠城」をおこなった。屠城とは対手側の戦闘員はもちろん、市中の老人・婦女・小児に至るまですべて殺戮し尽すことである。楚材は文官であったから、この無残な処置には心を痛めて、いつか諫言を呈する機会をうかがっていた。

甲申年（一二二四）、大西征の終わりの年に、チンギス汗の軍隊は東インドに至り、鉄門関というところに駐在した。そのとき一角獣という珍獣が現われる奇跡が起きた。

記述によれば、一角獣とは総体が鹿の形であり、色は緑色、馬のような長いしっぽをもち、しかも人語を話したという。

一角獣がチンギス汗の侍衛者に語った話の内容は、

「お前の主人はよろしくここから引揚げるがよい」

というものだった。チンギス汗がこの件を楚材に相談すると、楚材は答えて、

「これはまことに奇瑞の獣であります。その名は角瑞と申して、よく四万語を話します。生を好み殺をにくむものです。これは天帝が徴として天から陛下のもとに授けたものです。陛下はもとより天下の大幹であり、天下の万民はみな陛下の赤子であります。願わくば天帝の心を承け給い、人民の生命を大切になさるように」

と奏上した。チンギス汗はこれを聞いて、即日軍隊をまとめてこの地を去ったという。この一角獣が果たして何であったのかはわからない。しかし楚材の計画はみごとに成功したのである。

その後、チンギス汗が死んで二代目としてオゴテイ汗が即位した。楚材はオゴテイ汗にも宰相として仕えて元王朝の基礎を不動のものとした。

太宗・オゴテイ汗

辛丑年（一二四一）二月三日、太宗・オゴテイ汗が突然病に倒れた。医官が診察すると、すでに脈が絶えていると言う。皇后はなすところを知らず、楚材を呼んで聞いた。楚材は答えて、

「当今は公(おおやけ)の制度が腐敗しております。金貨や穀物を納めさせて官位を与えたり、わいろを受けとって裁判に手加減をしたりするので、罪のない者が獄につながれています。私が思いますのに、陛下の病気は天帝が下した警告でありましょう」

と申し上げた。

彼はさらに『史記』にのる宋・景公三七年（BC四八〇年）の故事を引用して申し上げた。この話は天帝が景公の仁政に感じて、景公の寿命を二一年延ばしたということで、すでに本書の第七章「熒惑守心を考える」のところで詳しく述べてある。楚材はこの例をひいて、ただいま天下の囚徒を赦すように請うたのである。

皇后はこれを聞いて、早速にも実行しようとしたが、楚材はこれをとどめて、手続き上陛下の命令が必要であるとした。そこでオゴテイ汗の病室に伺候してみると、汗は少しく蘇生していて、上申の件を

理解し、言葉が出せなかったけれど、うなづくことはできたため、ただちに善政が施行された。その夜、医官がふたたび伺候して汗の脈をとると、彼はおおいに回復しており、翌日には全快していたという。

同じ年の一一月四日に、汗は猟に出ようとした。楚材は天文を占って、今回の出猟はよろしくないと諫言した。しかし左右の武官たちは、

「騎射ぐらいなさらなくては、陛下もお楽しみがないでしょう」

と汗に猟をすすめた。しかし猟に出て五日目に、オゴテイ汗は出猟先で突然没してしまった。

オゴテイが没したあと、皇后が天子に代わって政務をみたが、彼女は姦臣の言にまどわされて諸政はしばしば乱れた。とくに奥魯剌合蛮という姦臣は貨財をつかって政治を動かし、廷官たちもこれに畏服した。楚材はひとり面を冒して、他人が言いにくいことを直言したので、心ある人は楚材の身を心配したという。

熒惑房を犯す

癸卯年（一二四三）五月に、熒惑が房星（左服ともいう、さそり座西部のパイ星）を犯すという天変が起きた。これを聞いて、皇后は楚材に訊ねたところ、楚材は星占いをしたあとで、

「ちょっとした騒擾がありましょうが、大事に到らずに治まりましょう」

と答えた。しかし楚材の上申にもかかわらず、武官らは軍隊を西域に派遣する準備に入った。たしか

図8-4
発卯年（1243）5月、「熒惑房を犯す」の検証。

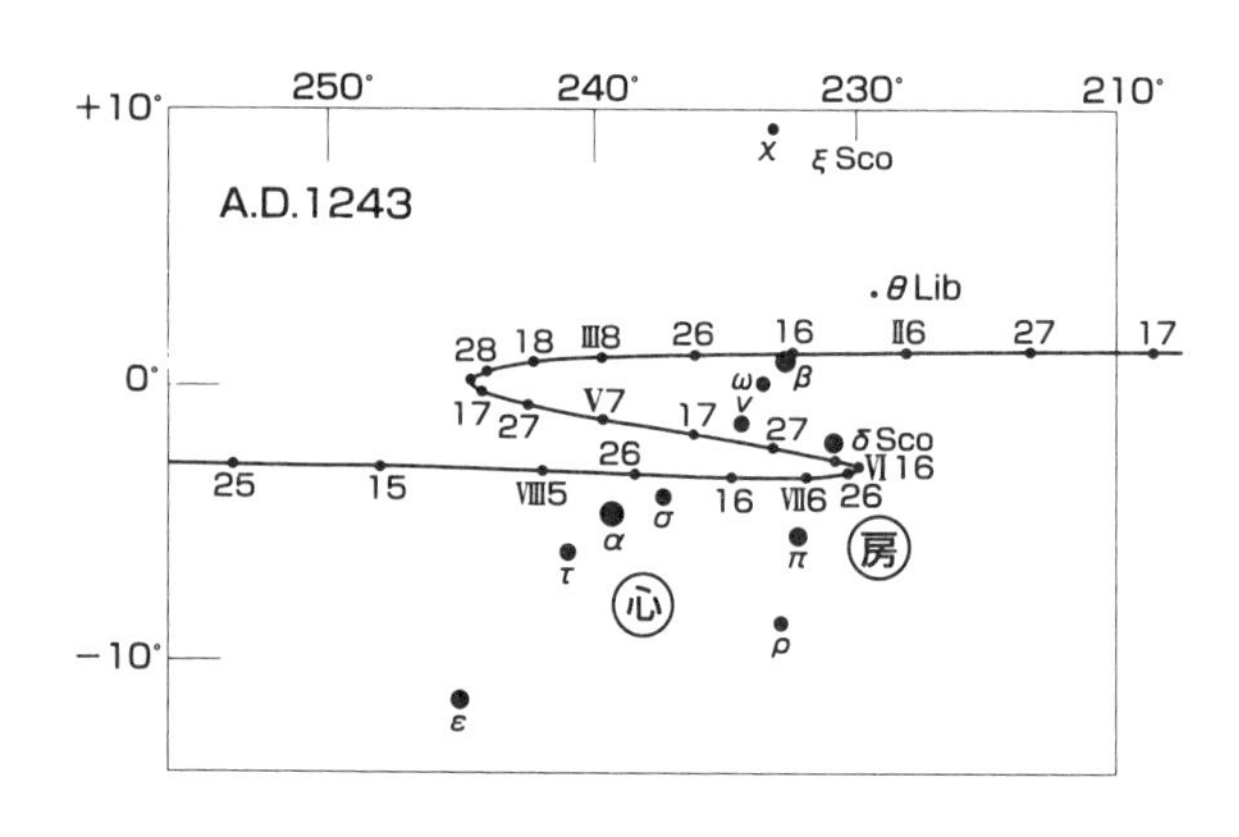

にそのころ西域に駐屯していた元軍の一部隊の不満分子が、中央の命令に従わず、上京して直訴をする動きがあった。しかし、これは部内での説得が功を奏して、大きな騒擾に到らず鎮まっていたことが、後日判明した。これは楚材の天文占の正しさが証明された例である。

ここでは騒擾のもととなった「熒惑房を犯す」という天変がほんとうにあったかどうかを調べておこう。検証の結果として、図8－4は一二四三年二月から九月までのあいだ、熒惑の天球上運行の状況を描いたものである。たしかに陽暦六月中に熒惑は房宿（さそり座西部）にあって、六月一六日には留となっている。天変はたしかに起きていたのである。

晩年

甲辰年（一二四四）五月、楚材は宰相位にあったまま死んだ（記録は「薨ず」とする）。享年五五歳であった。皇后はいたく哀惜し、金員を贈って葬儀を助けた。のちに廷臣のなかに楚材をそしる者があって、彼は在職中に天下の貢財を半分は自家に入れていたと告げた。皇后は近臣に命じてくわしく調査をさせたところ、財物などはほとんどなく、ただ日ごろ愛用していた琴が一〇面ほどと、古今の書画・金石・遺文などが数千点見つかったという。

楚材はチンギス汗・オゴテイ汗そしてその皇后に親任されて一生宰相として元王朝の発展に尽くしたが、異国の出身であったことがあだとなって、一部の周囲からいろいろの「いじめ」を生涯受けていたようだ。

〔参考文献〕

『元史』巻一二二、「列伝」耶律楚材、『元史』巻五二、「志・四」暦・一、中華書局（北京）、一九七六
山田慶児『授時暦の道』みすず書房、一九八〇
陳舜臣『耶律楚材』上下、集英社、一九九四
斉藤国治・小沢賢二『中国古代の天文記録の検証』雄山閣出版、一九九二
Guy Ottewell and Fred Scharf, "Mankind's Comet, Halley's Comet in the past, the future and especially the present", Furman Univ., S.C.,U.S.A., 1985

第九章　古天文学の先駆者・小川清彦

筆者が提唱する「古天文学」の分野に、最初にクワを入れた先達的な人物がいた。名前を小川清彦（一八八二〜一九五〇）という。本章では、氏の埋もれた業績（古天文関係に重点をおいて）を掘り起こして紹介しよう。

古天文学の草分け的存在

小川清彦は明治一五年（一八八二）に東京の良家の長男として生まれた。少年のころ中耳炎を患い、そのため聴力をまったく失った。しかし頭脳は格段に明晰で、長ずるに及んで東京物理学校（現・東京理科大学）に入った。もっとも、耳が聞こえないので授業には出席せず、学友から講義のノートを借用して、自宅で勉学を続けたという。

そして、明治三五年（一九〇二）に同校を卒業して、同年一二月、東京天文台（現・国立天文台の前身、現在の地名は港区麻布台二－一、当時の地名は麻布狸穴（まみあな）といった）に奉職して、作暦と潮汐の計算や編集の事務に従事することになった。明治四一年（一九〇八）に日本天文学会が発足し、同年四月から機関誌

『天文月報』が発行されると、その編集人のひとりとなって、以後同誌上に健筆をふるった。

麻布の天文台の付近はその後市街地化が進み、光害によって天体観測に不便となり、また敷地・建物も手狭になったため、かねてから東京府下北多摩郡三鷹村に九万坪の地を得て移転が計画されていた。たまたま大正一二年（一九二三）九月一日の関東大震災が起こり、幸いにも天文台は火災にはあわなかったが、観測器械の標準子午儀などが台座からはずれ落ちるなどの被害があったため、これを機会に三鷹村への移転が急いでおこなわれた。小川氏をふくめて、ほとんどの職員は三鷹村・大沢の地へ移り、あとには天文学科学生教育のための講義室・研究室・観測室、そしてそのための助手職員二、三名が残った。

筆者は昭和一三年（一九三八）に、職を得て三鷹の天文台のほうに入ったから、小川氏とは五年ばかりのあいだ、同一建物内に勤務したことになる。しかし小川氏とは年齢において三一年の開きがあり、研究面も異なることもあって、あまり親しくおつきあいをした覚えがない。ただ小川氏が中途聾者に特有な甲高い声で朝の挨拶をされたことを記憶している。

小川氏は昭和一九年（一九四四）三月に定年退官されてのちは武蔵野の境南町に住み、昭和二五年（一九五〇）に埼玉県で亡くなった。享年六八歳であった。在職中から退官後にかけて畢生の暦学研究を大成して、日本古代史・天文学史関係者を驚かせたが、当時筆者は若輩浅学のためそのことは知らなかった。今回は時間と労力をかけて、古天文学の草分け的先駆者である小川氏の研究業績を調べて、これを年次順に紹介してみたい。

天文年代学との出会い

一九世紀の半ばごろ、イギリスから派遣された学術調査団が古代オリエントの地で遺跡の発掘をおこなっていたところ、砂漠のなかから日干し粘土板がたくさんに出土した。その表面にはぎっしりと楔形の文字らしきものが刻まれていた。これらをイギリス本国に持ち帰り、文字の解読を試みたところ、これらのなかにはバビロンの古代王朝の年代記が多くふくまれているとわかった。しかし、その王朝の絶対年（西暦前何年なのか）がつかめなかった。

ところが、粘土板の一枚に「第一〇代カンビサス王の第七年一〇月の後半に、暁の東天に金火木土の四惑星が集合したのを見た」との天文記録が見つかった。そこで天文計算を古代に遡らせて、このような惑星集合が起きた年月日を追求して、ついにこれを推定することに成功した。

この成功が契機となって古年代推算法が発明され、「天文年代学」が創始されたのであった。当時発刊されたオッポルツェルの『食宝典』（一八八七）やP・V・ノイゲバウエルの『天文年代学』（一九一二〜二九）や、K・ショッホの『誰でも使える惑星表』（一九二七）などはそのころ発表された古典的書籍である。

小川氏はこの新興の学問に大きな興味を覚えて、早速に東京・丸善書店を通じて、これら原書（どれもドイツ語）を私費で購入した。まず独学をもってドイツ語を習得したうえで原書に取り組んで、その天文計算法をひとりでマスターしてしまったという。聾者の身ではたいへんな苦労をしたものである。

当時古代の天文記録に興味をもっていたプロの天文学者は二、三いたが、ただ小川氏の独走を傍観していただけで、いっしょにこの方面を開拓してみようという者はいなかった。

小川氏がこの新手法を使って、最初に手がけた仕事は、『日本書紀』の舒明天皇紀に載っている星食記事の検証であった。このことの詳細は後述する。一方、昭和五年（一九三〇）ごろ東京天文台技師・神田茂氏は『日本天文史料』の収集と編纂を始めておられたが、小川氏は神田氏の仕事に協力して天文記事のなかの一部の検証を引き受けていた。だから『日本天文史料』の文中の随所に、「小川清彦氏ノ計算ニヨル」との注記のついた記事が見うけられる。神田茂氏の労作『日本天文史料』はかくして昭和一〇年（一九三五）に完成した。

小川氏の研究は古今東西の天文記録におよび、その発表は主として『天文月報』を毎巻飾ることになった。以下では破竹の勢で発表し続けた小川氏の論考を、筆者による解説をまじえながら紹介しよう。

『太平記』稲村ヶ崎の奇跡

『太平記』巻一〇には、新田義貞の軍勢が鎌倉幕府の本拠・鎌倉を攻略したときの有様を詳しく述べている。

『太平記』が語るところによれば、それは元弘三年五月二一日（一三三三年七月三日）の夜半のことであった。このとき義貞軍は稲村ヶ崎（鎌倉七里ヶ浜の東の岬）のせまい砂浜路を通ろうとした。ここは

図9-1
稲村ヶ崎で太刀を海に投げる新田義貞。

満潮時には潮が満ちてきて渡渉できず、干潮のときのみにやっと歩行可能という難所であった。

北条軍はかねてこの通路を警戒していて、波打ち際まで逆茂木を打ち、海上には兵船をつらねて、敵がこの隘路を通れば側面から矢を射かける構えをとっていた。義貞軍がここにさしかかったとき、潮は通路にあふれていて歩行ができない状態だった。

そこで、義貞は馬から下りて兜を脱ぎ、洋上を遥かに伏しおがみ、龍神に祈りを捧げたのち、自らが佩いていた黄金づくりの太刀を海中に投入した。するとたちまち潮が引いて、通路は干あがり、横矢を射かけようと構えていた北条軍の兵船は沖合はるかに退き下がってしまった。義貞軍はそのすきに素早くこの隘路を馳け抜けて鎌倉になだれこみ、ついに鎌倉幕府を攻略してしまったという。

『太平記』はこのことを「不思議というも類なし」と述べている。図9-1は義貞が太刀を海中に投じようとするさまを描いた挿絵である。

図9-2
稲村ヶ崎の潮汐曲線図。義貞軍は陰暦5月22日午前2時ごろ渡渉した。
図では矢印で示してある（小川清彦氏原図）。

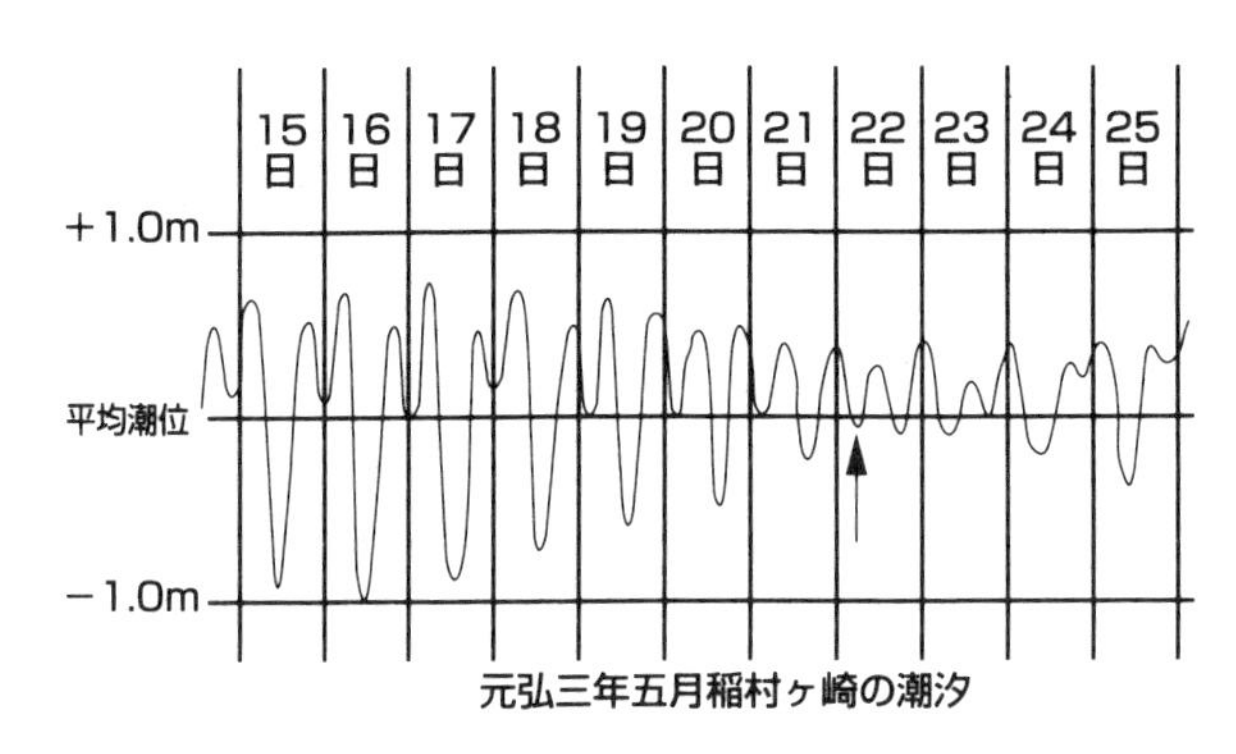

稲村ヶ崎の潮位の計算

小川氏は、かねてからこの「稲村ヶ崎長干（ちょうかん）」の奇跡に興味をもち、これに初めて数理的解明を試みている（『天文月報』巻八、No.1、一九一五）。潮汐計算は古天文学と同様に、古代にさかのぼってその検算が可能であり、しかも小川氏は潮汐計算の専門家だった。

彼が試みた手順はつぎのとおりである。

稲村ヶ崎付近の潮位常数はむかしも現在も実測されていないため、次善の策としてその近くの油壺検潮所における潮位実測値を使うことにした。またその潮位常数は一三三三年の値も現在の値も同じと仮定した（実は相模湾岸は過去の地震などによって海面下の地勢がかなり変動していると思われるが、これには目をつぶることとした）。

小川氏は平山信教授（一八六八〜一九四五）による

「日本各地に於ける潮汐の調和解析の結果」（東京大学理科大学紀要、一九一一）を使って、本格的な潮位計算をおこなった。

その結果、元弘三年陰暦五月一五日〜二五日のあいだの潮位変動は図9－2に示すとおりだという。図で横軸は陰暦の日付を表わし、縦の各割線はそれぞれの日の夜半を表わす。縦軸値はこの土地の平均潮位からの上下変動量の計算値である。その変動はプラス・マイナス一メートル以内に納まっている。

この図を見ると、陰暦五月一五日、一六日、一七日のころの干潮位は平均潮位以下一メートルに近い干潮になっていたが、それは昼間のことであり、『太平記』が述べる日付と時刻とには合わない。『太平記』が述べている「五月二一日の夜半過ぎ」の潮位は平均値よりもわずかに一五センチ低いということになって、小川氏の期待には反してしまった。もともと陰暦二一日夜半は「後半月」にあたり、干潮のときでもそれは「小潮」なのである。このようなわけで、『太平記』の文章は、現代の潮汐論の説くところと不一致なことが判明した。それでも小川氏は、

● 鎌倉方は、昼間は浜辺が大干潮のため通路が明け放しになるので警戒を厳にしていたが、夜間には潮があまり引かぬから多少警戒をゆるめていたらしい。義貞はこのことを察して、干潮と月明に乗じて大和民族独特の夜襲を試み、それが奏功したのであろう。

と話をむすんでいる。この解析はあまり成功しなかったが、やがて引き続く小川氏の古天文学検証論文群の第一号論文として、ここに紹介しておく価値は十分にあるだろう。ときに小川氏は三三歳であった。

新説

実は以上の話には後日談がある。小川氏は『太平記』の記述によって、義貞軍の稲村ヶ崎通過の日時を元弘三年五月二一日夜半すぎ（一三三三年七月四日、午前二時現地平均時）として論を進めたが、この日時については最近になって異論があるとわかった。すなわち『梅松論』という足利幕府側が記した史料があり、それによると、

● 五月一八日未ごろばかり（一三三三年六月三〇日午後二時ごろ）、義貞の軍勢は稲村ヶ崎を経て、前浜（地名）の在家を焼き払う煙見えければ、鎌倉中のさわぎ手足をおくところなく、あわてふためきける有様たとえていわんかたぞなき。……ここに不思議なりしは、稲村ケ崎の浪打ち際、石高く道ほそくして軍勢の通路難儀の所に、俄かに潮干て合戦の間干潟にてありしこと。仏神の加護とぞ人申しける。

とある。これによれば義貞軍は『太平記』のいう「五月二一日夜半」ではなく、その日の三日前の「五月一八日昼すぎ」に、稲村ヶ崎を白昼に堂々と押し渡ったことになる。図9－2をもう一度見ると、一八日昼すぎなら、みごとに干潮の最中である。

この説は最近、石井進氏（国立歴史民俗博物館長）が『見る・読む・わかる　日本の歴史』巻五（朝日新聞社、一九九三）に発表したところである。これによって小川氏の計算はふたたび七八年ぶりに有力

な史料の助けをえて復活した。

石井氏はこの合戦のさいに発行された軍忠状（司令官が与えた軍功証明書）の現物のいくつかが東京大学文学部に所蔵されていることを明らかにし、それには「五月一八日に稲村ヶ崎から前浜で戦った」と申告している書状があるとして、「五月一八日」説を主張している。それでは『太平記』が、なぜ「五月二一日」としたのか。石井氏の説くところでは、義貞軍は五月二一日の夜に稲村ヶ崎を突破して「たった一日で幕府を覆滅してしまった」と話を盛り上げたかったのであろうとしている。北条高時らは五月二二日に自害してここに鎌倉幕府は滅亡している。

そうだとすれば『太平記』はくだらぬ細工をして、小川氏を惑わせたものである。やはり、小川氏の計算は正しかったわけである。

シラーの戯曲「ワレンシュタイン」

ドイツの詩人シラー（一七五九～一八〇五）の詩「ワレンシュタイン」（一七九九）の一節に古天文関係の記述があるとして、小川氏はこれを『天文月報』巻二四、No.2、一九三一で論じている。

この戯曲は三〇年戦争史をあつかったものである。オーストリアの総司令官ワレンシュタインはウィーンの皇帝に反逆して、敵側のスウェーデンと組んで、自らはボヘミアの王となろうと企てた。占星術を信じる彼は部下の離反にもかかわらず、行動を起こそうとする。彼はスウェーデンの援軍が明日到着することを期待して寝につくが、その夜ウィーン皇帝が放った刺客によって倒される、という物語り詩である。

問題は、ワレンシュタインが予想せぬ暗殺をうける直前、彼が天空の星々を観察していたことを述べたシラーの詩文のなかにある。シラーの原文はドイツ語であるが、ここではイギリスの文学者コルレッヂの英訳を左に紹介する（原詩では、斜線のところで改行している）。

● No form of star is visible! That one/ White stain of light, that single glimmering yonder, / Is from Cassiopeia, and therein/ Is Jupiter. But now/ The blackness of the troubled element hides him!

岩波文庫本の日本語訳ではつぎのようになっている。

● 星の姿はひとつも見られぬ。あそこにぼんやりした唯一の光はカシオペイア星座から出ているのだ。あの方向にジュピター（木星）がある。だが、今は嵐の空の黒雲に蔽われているのだ。

右の英語訳も日本語訳も、ともに木星はカシオペヤ座もしくはその方位にあると解釈している。日本語訳のほうはあんまりハッキリしないが、英語訳のほうでは therein となっていて紛れようがない。ところで星座の知識がある人なら、すぐ気づくはずだが、カシオペヤ座は北の天にあり、その赤緯はプラス六〇度ほどにある。一方、木星は黄道帯内を運行する惑星だから、とてもカシオペヤ座などに入るわけがない。何かがおかしいのである。

『星の名前、その伝承と意味』の著書リチャード・アレンは、

図 9-3
ワレンシュタインが暗殺された夜の星空。

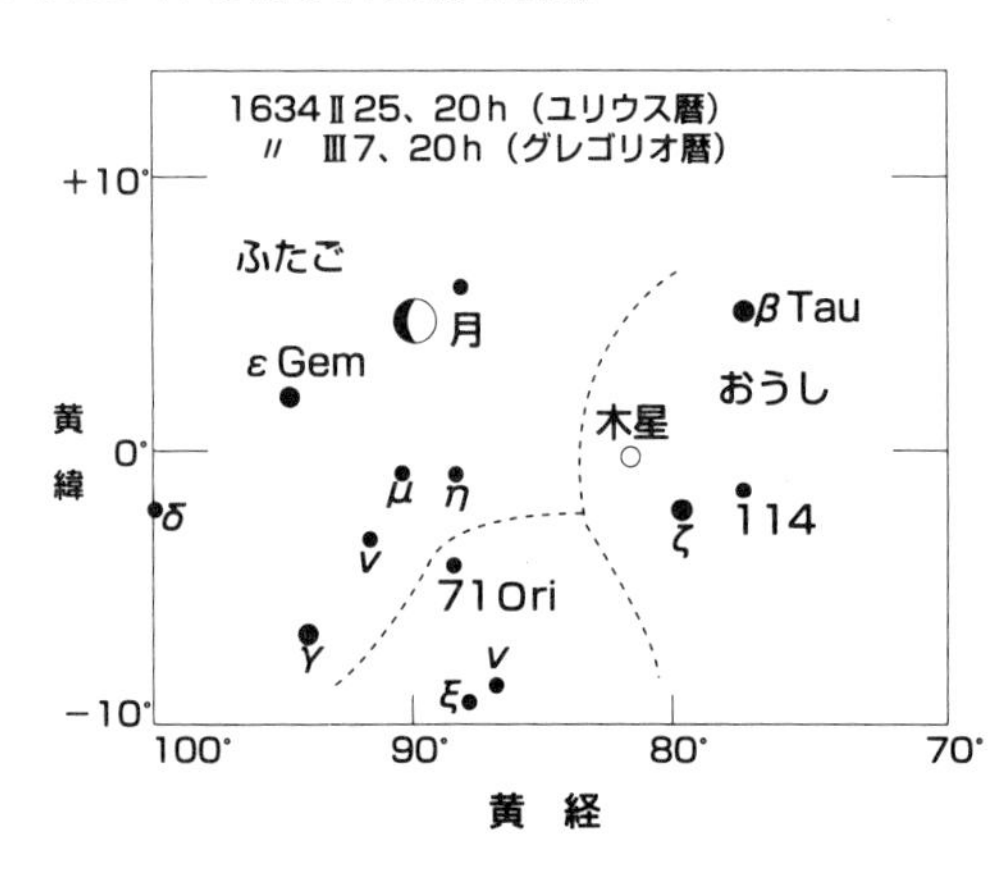

● コルレッヂは天文学を知らないので、beyond とか in that direction とか訳すべきところを therein などととんでもない訳し方をしてしまった。

と批評している（同書一四四ページ。筆者はドーヴァ出版の復刻版〔一九六二〕を参照した）。しかしドイツ語の原文では、そこのところは、

● Dahin steht der Jupiter

と書いてあり、英語訳が悪いというよりも、シラーの原文のほうがすでにおかしいのだ、と小川氏は反駁している。この点は筆者も同感である。小川氏はもともと英語が得意で、『天文月報』の編集者として毎月のように、外国文献の翻訳・抄訳を同誌に掲載していたが、いつの間にかドイツ語・フランス語をもマスターしてしまっていた。

さて、この詩の内容は、ワレンシュタインが暗

殺されたのは一六三四年二月二五日（これはとくにユリウス暦日。グレゴリオ暦では三月七日）としている。ここで小川氏は得意の古天文学検証に入る。すなわち「ぼんやりした唯一の光」を「月」と読みかえると、その方向（真西）には木星があり、それは月の下方一〇度角ほどにあった。その夜は上弦後の月がふたご座の西端にあり、木星はおうし座にあった。ここはカシオペヤ座からは六〇度角も離れているから、詩のなかにカシオペヤ座が登場するのは明らかに誤りだ。

図9-3は筆者が当夜の二〇時（現地時）における天体の配置を黄経・黄緯座標で示したものである。

ここで年代学上で注意すべきは、一六〇〇年を過ぎてもドイツではユリウス暦日を使っていたという事実である。この暦日がユリウス暦であることは「ワレンシュタイン」を読めば理解できようと小川氏は説いている。もしもこの日付をグレゴリオ暦日とすると、月齢が一〇日さかのぼるため、夕方の西空に月は見えないはずだから、その点はまちがいはないだろう。

ところで小川氏の判断によると、シラーは詩人であり、星座の所在についてあまり知識がなくて、「単に発音が好ましいことからカシオペヤ座をここに引っぱり出したのではないか」としている。この論文を書いたとき小川氏は四九歳。西洋の詩文のなかに天文記事を見つけて、天文検証を試みるとは当時としては異色の業であった。

『看聞御記』のなかの新月記事

『看聞御記』は後崇光院による四七年間にわたる日記である。近ごろはその呼び名は『看聞日記』とされているようだ。そのなかの永享五年九月条に、

● 九月三日（一四三三年一〇月一五日）晴、今夜三日月出現せず。殊なる晴天なるも見えず。同月四日（一〇月一六日）晴、……三日月今夜出現す。去月小の由、暦博士勘進す。天よく日数を知る、顕然たり。暦道の不覚比興なり（この失敗は笑うべきだとの意）

とある。その意味は、暦面の陰暦三日の日には晴れていたのに月が見えず、翌四日になって三日月（新月ともいう）が見えたのは妙だということ。

現代では新月とは「朔」の意に使うが、当時の暦道家のあいだでは朔ののちに初めて現われる月を「新月」と呼んでいた。そして前月が大月（三〇日）であれば新月は陰暦二日に現われ、前月が小月（二九日）であれば新月は陰暦三日に現われるという経験則が知られていた。ここでは、永享五年九月の新月が陰暦四日に正現した点をあげて暦道を非難しているわけである。

天文表を調べると、この年の九月朔は庚辰の日の一八時ごろに起きている。当時は「進朔の法」というのがあって、朔の時刻が一八時以後になると推算された場合には、朔日を翌日に進めるという規定があった。

いまの場合は、それが「ちょうど一八時ごろ」なので暦家も進朔の法を適用すべきかどうか迷ったことだろう。そして結局は進朔せずに、八月を小月（二九日）としておいたために、新月が陰暦四日に現われるという不手際となったのである。

この点をさらに詳しく追及してみる。後年の明治一三年（一八八〇）に出版された『三正綜覧』では精密計算をして、永享五年八月を大月、九月朔は辛巳で、九月は小の月としている。

これは精密計算上そうなるということで、一見解ではあるけれども、当時頒行された暦面が八月を小月としているのだから、もはや手遅れである。内田正男編著の『日本暦日原典』（雄山閣出版、一九七五）には、関連個所に下注をつけて、

● 九月朔は計算では一七（辛巳）であるが、看聞御記によって庚辰とする。したがって、九月庚辰朔のユリウス暦日は一〇月一三日。これは小余が進朔限をわずかに越えているのに、司暦の誤算で進朔しなかったものと思われる。

と判定している。なるほど、九月朔の大余は一七、小余は六三三四。日法八四〇〇でこれを割ると〇・七五四〇日（すなわち一八時〇六分）となり、わずかに進朔限（一八時〇〇分）を越えている。当時の司暦が迷ったのも無理がない。今回の場合、進朔しておけば、陰暦四日に新月（三日月）が出るという不手際なことはなかったわけである。

『吾妻鏡』のなかにある錯簡

鎌倉幕府の公式記録である『吾妻鏡』にはかなりの錯簡（文章の入りまじり）があることは、史家の調査からすでに知られている。これは文献考証によって判明したことだが、小川氏は天文記事の検証によってこれをやってみせた。このように古天文学検証によって史書中の誤記・錯簡・誤脱などを指摘する道を拓いたのは小川氏をもって最初とする。このことは当時の歴史家の注目を集め、元東京大学史料編纂所長・桃裕行氏は小川氏の業績を高く評価した。

つぎの例を見よう。

● 嘉禎二年十二月二十三日丙午（一二三七年一月二一日）今夜、太白辰星を犯す。相去る二尺の所

（吾妻鏡　巻三二）

天文計算によれば、この日の一八時ごろ（鎌倉平均時）に、辰星（水）は太陽の東一三度角に見えて宵星であり、太白（金）は太陽の西一四度角にあって暁星であったから、両星は同時に見えるはずはない。そこで小川氏は日付に錯簡があると考えて試行錯誤の計算をしたすえに、同年五月二一日丙子（一二三六年六月二五日）と読みかえると、水・金はともに「かに座」にあって順行中であることがわかった。

このときに水は太陽の東二三度（最大離角に近い）にあり、金は水の北三度角にあって、記事の「相去る二尺の所」にも似ており、記事の干支「丙午」は実は「丙子」の誤記かとしている。ただし「五月

図 9-4
『吾妻鏡』の天変記事の錯簡の一例。

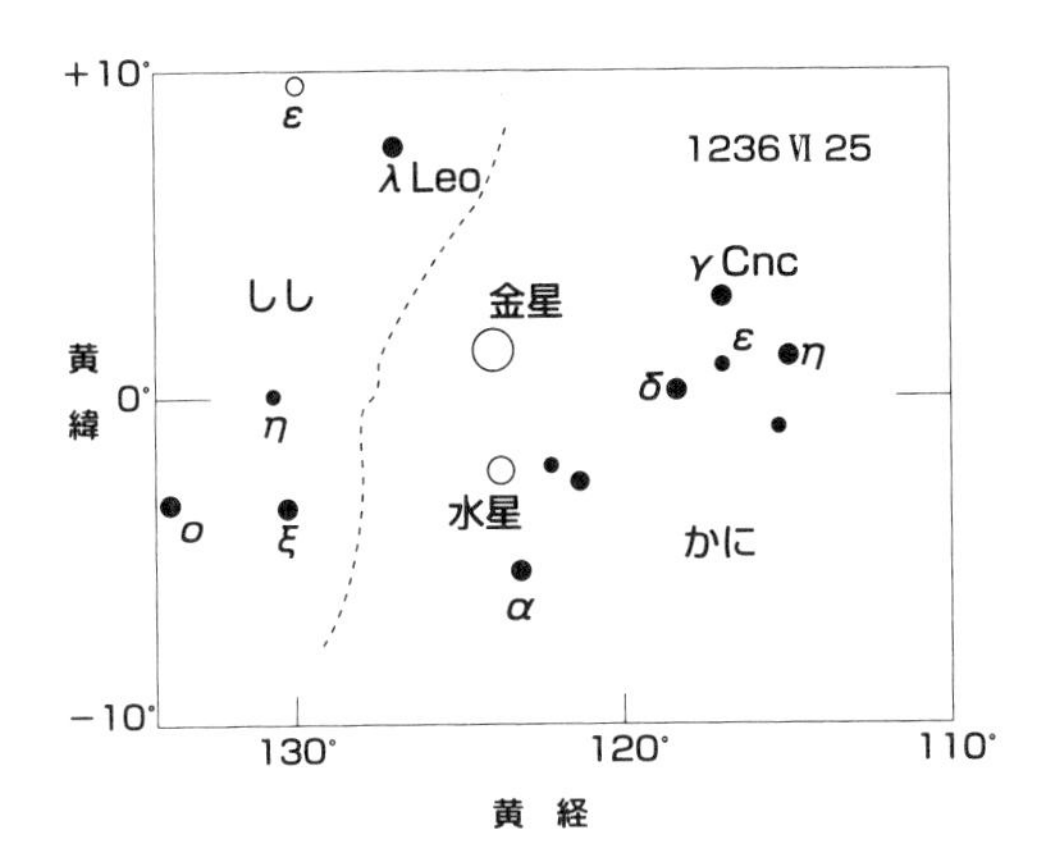

図 9-5
『吾妻鏡』の天変記事で熒惑を太白と誤記した一例。

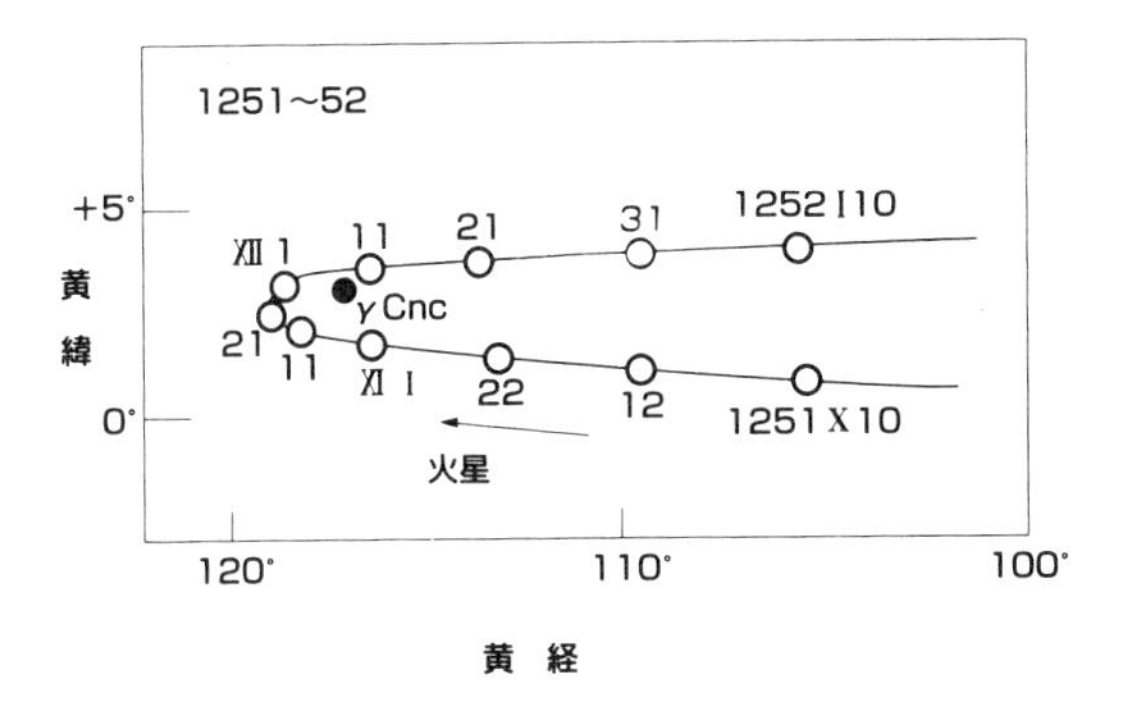

二一日」の記事がなぜ「一二月二三日」にまぎれ込んだかについては調査の余地があるとしている。図9－4はこの日の水・金の黄経合の模様を再現してみせたものである。

同様に

●建長三年十月二十日丙子（一二五一年一二月四日）、今夜、太白輿鬼を驚かす（吾妻鏡　巻四一）

については、この日に太白（金）は太陽の西二七度にあり暁星で、房宿（さそり座西部）にあった。ここは輿鬼（かに座）からは一一五度角も東方にあたるから、まったく話が合わない。

小川氏は記事に「太白」とあるのは熒惑（火）の誤記かと疑って検算したところ、このとき火はかに座にあって逆行中であり、同夜半後にかに座ガンマ星（γ Cnc）の東一・五度角にあったことを確かめた。つまりこれは惑星名の誤記として問題は氷解した。図9－5はそのころの火の運行軌跡を描いたものである。

舒明天皇一二年の星食

つぎに掲げる星食記事は、神田茂氏の論説「六国史時代の本邦の天文記事」（『天文月報』巻二四、No.12、一九三一）に、「小川清彦氏ノ計算ニヨル」と注記して発表されたものである（つまり、小川氏自身は発表をしていない）。

●舒明天皇十二年春二月甲戌（七日、六四〇年三月四日）、星月に入る（日本書紀　巻二三）

小川氏は記事中の「星」をおうし座の主星（α Tau）で固有名をアルデバランという一等星であるこ

月	赤経四九・九度	赤緯プラス一二・八度
アルデバラン	赤経四九・九度	赤緯プラス一二・七度

とを確かめ、同日二一時（飛鳥京平均時）における月の中心と星との赤経・赤緯値としてつぎの値を計算した。

これは実に美事な月星の一致である。当時小川氏は、K・ショッホの著『誰でも使える惑星表』（一九二七）を使って計算をしていたから、得られた数値の精度は〇・一度角までだった。これでは視半径が〇・二五度角の月面のどこを星が通過したかを決めるのには不十分だが、とにかく星食を起こしていることは確かめられた。図9－6には、のちに筆者がノイゲバウエル著『天文年代学』（一九二九）の表を使って〇・〇一度角の精度で再計算して求めた星食の状況を掲げておく。図は黄経・黄緯表示である。

小川氏はもう一つの星食検算を発表している。小川氏の計算結果はつぎのとおりである。

● 天安二年五月二十八日戊子（八五八年七月一二日）、遅明、星あり。月魄中に入る（文徳実録　巻一〇）

月	赤経七五・三度	赤緯プラス二一・二度
金星	赤経七五・一度	赤緯プラス二一・四度

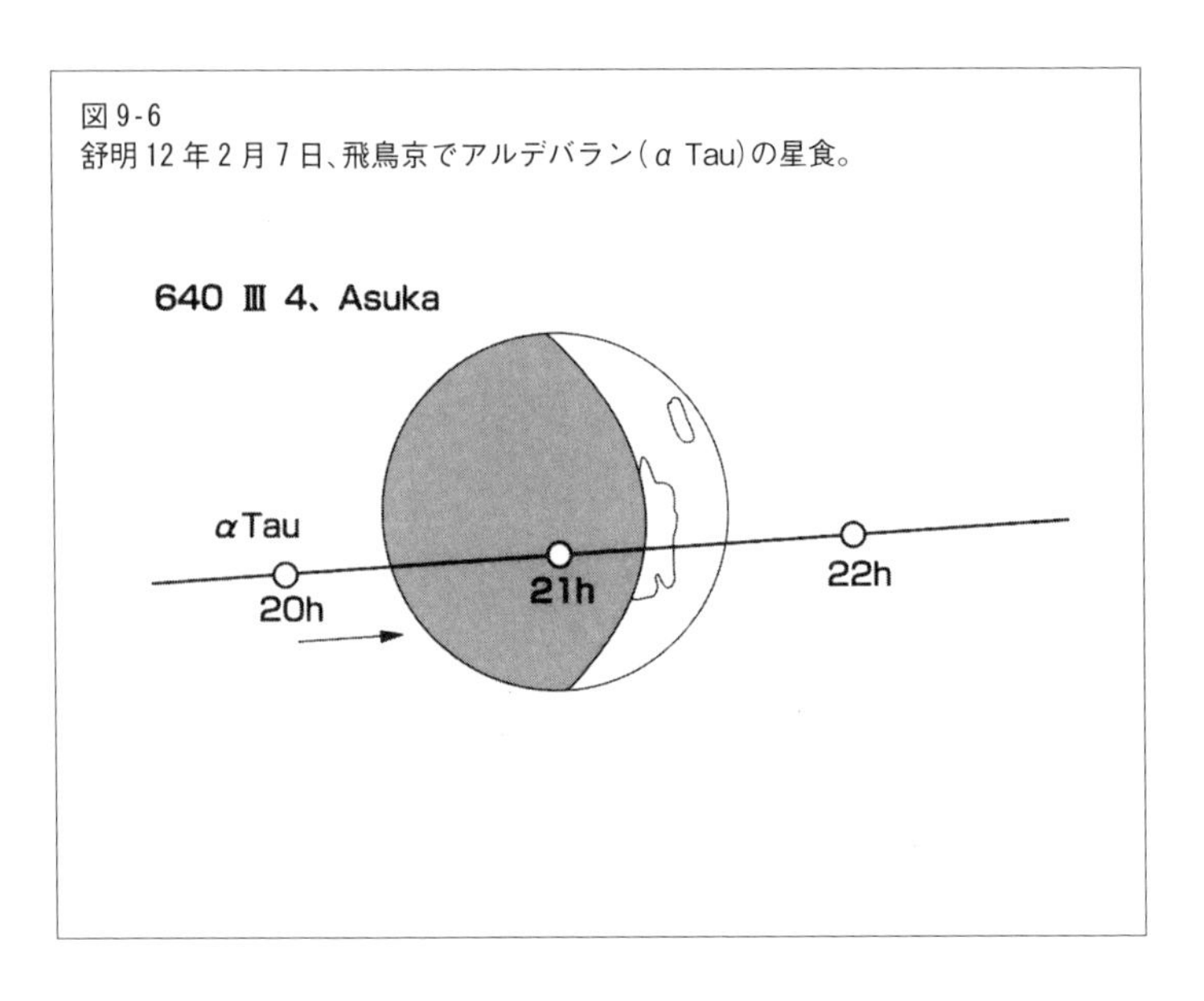

図 9-6
舒明 12 年 2 月 7 日、飛鳥京でアルデバラン(α Tau)の星食。

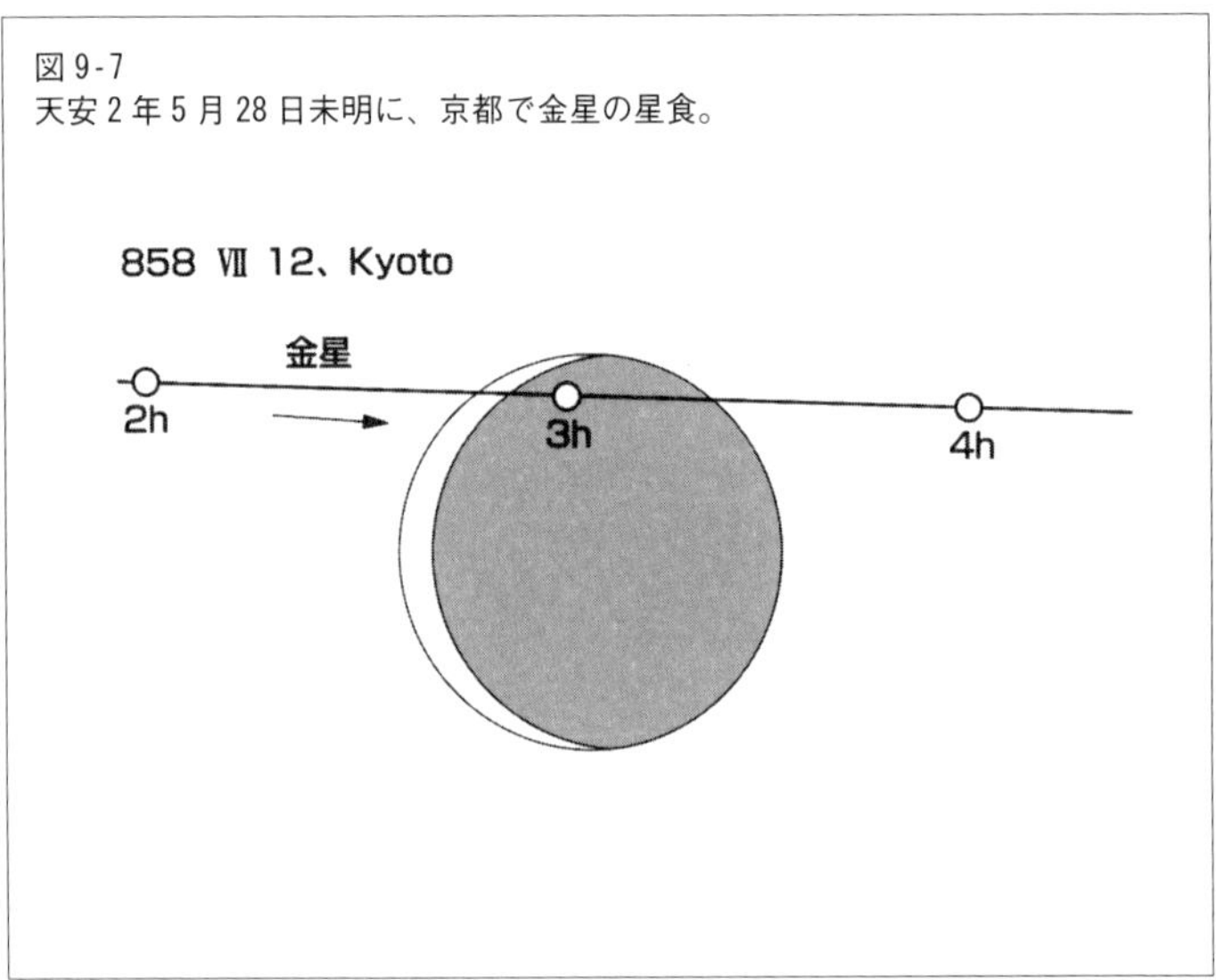

図 9-7
天安 2 年 5 月 28 日未明に、京都で金星の星食。

計算した時刻は同日暁方午前三時（京都平均時）であり、記事の「星」は「金星」であると判明した。この表だけでは果たして食となるかどうかの詳細が不明だが、筆者の検算によれば、たしかに星食が起きている。潜入が二時五〇分、再現が三時二一分、金は月心の北〇・二三度のあたりを通過した。図9－7はこの食の状況を描いたものである。

なお、小川氏は初期のころの計算ではこの表のように赤経・赤緯でデータを示しているが、のちには黄経・黄緯のほうが便利であることに気づいて黄経・黄緯に改めている。一方、筆者は最初から黄経・黄緯表示を採用している。

辰星とは何か

藤原公任（九六六～一〇四一）の撰になる『和漢朗詠集』は、その名のとおり中国・日本の優れた漢詩を集成した書物である。そのなかに、唐の元槇（七七九～八三一）の七言律詩があり、そのなかの第五・第六句目（頸聯という）に、

● 熒火乱れ飛びて　秋すでに近く
　辰星早く没して　夜初めて長し

という対句がある。別にむずかしい語句があるわけではないが、古来「辰星」という星についての解釈には諸説があって定まっていない。それらの説を列記すると、

一、辰星＝水星説。これは第一義的には正論だろうが、この詩の内容からいって水星では納得がいかない。なぜなら水星は会合周期が一一六日と短く、一年間に三回も出没をくりかえす内惑星であり、その出没はとくに秋に限定されるわけではないから、詩の意図するところとは合わない。

二、辰星＝太陽説。太陽は秋になると早く没して、夜も次第に長くなるから、詩の内容に沿っている。しかし太陽を「辰星」と呼ぶ先例が見つからない。

三、辰星＝角宿第一星説。「辰」は時の意であるから、辰星とは時または季節を告げる恒星を指す。とすれば角宿第一星（おとめ座の主星〈α Vir〉で、固有名をスピカという一等星）があげられる。秋になると、太陽は次第にこの星に近づいて、やがてその明るさのためにある日この星（スピカ）が見えなくなる。この現象をドイツ語でHeliakalische Untergang、日本語に訳して「夕入り」と呼び、この現象は一年に一回決まった日に起きる。詩文中の「早く没して」とはこの意味だろう。

このうち三についてはもう少し調査する必要がある。

唐の時代（八〇〇年ごろ）のスピカの黄経は一八七度角ほどであり、秋分時の太陽（その黄経は一八〇度）との差は七度角であるから、仮りに夕入りをする太陽とスピカとの間隔を一七度角と設定すれば、スピカは秋分の一〇日前に「夕入り」していたはずだ（ちなみに、現代では歳差の関係でスピカの夕入りはちょうど秋分のころになっている）。この説は天文学的には魅力があるが、角宿第一星を辰星と呼んだ先例がないのが難点。

図9-8
殷の時代（B.C.1000年）には、心大星（α Sco）が辰星であったのか。

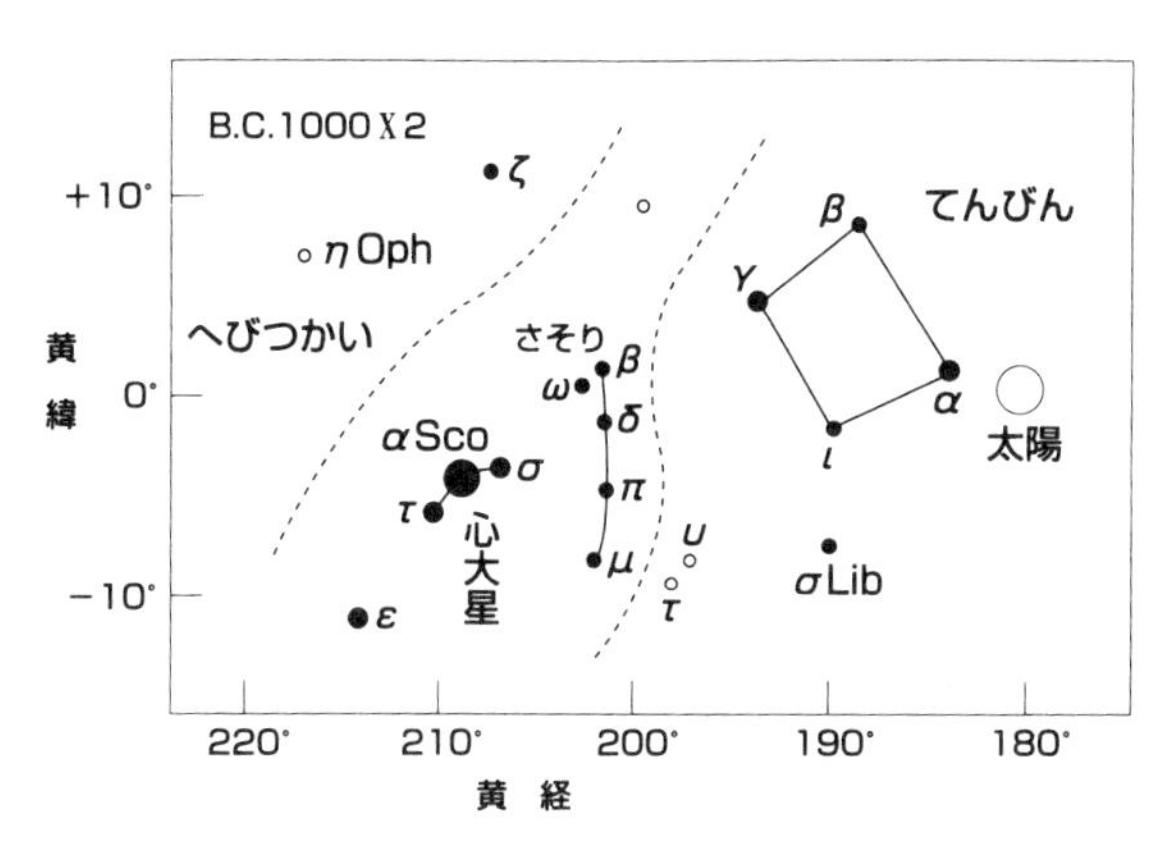

四、辰星＝心大星説。心大星とはさそり座の主星（αSco）で固有名をアンタレスという一等星。この大星は昔から「大辰」または単に「辰」とも呼ばれており、夏の夜の南天に光り輝く赤い星である。八〇〇年ごろにアンタレスは黄経二三三度角にあって、秋分の日に太陽との黄経差は五三度。秋の夕方に西天に見えるが、この星の夕入りは秋分のあと三六日目となって、これを秋の前触れとするのには具合がわるい。歳差を考えると、アンタレスが秋分のころ夕入りするのはBC一〇〇〇年ごろのことで、中国では殷の時代になる。図9－8は試みに殷の時代（BC一〇〇〇年）の秋分（ユリウス暦日では一〇月二日）の天球上で、太陽と心大星とその付近の星々の配置を描いたものである（図は責任在筆者）。

以上、小川氏はいろいろのケースを検討してみたが、結論として四の「辰星＝心大星説」を支持している。殷の時代から心大星は秋の近いことを告げる星と呼ばれていたが、唐代の元稹は文学者だったから、唐代には心大星がもはや秋を告げる星でなくなっていることを知らずに詩文上でそのように表現したのだろう、と小川氏は説いている。

最後に筆者の感想を添えるなら、辰星はやはり一の水星と考えたい。水星が西天にちょっと現われてすぐに没してしまうのを「早く没して」と表現したものであって、単にその星の動きのあわただしさを詠んだものと解したいのである。

建礼門院右京大夫が見た星空

小川氏は『天文月報』巻二三、No.6、一九三〇の雑報欄に「建礼門院右京大夫が見た星空」と題した小文を掲げている。

日本人は昔から月を愛でるけれども星についての文章が僅少であると言われている。そのなかにあってこの女流歌人はただひとり、夜中に寝床を起き出でて星空を賛美する歌をつくった。『広辞苑』の編者として有名な新村出博士がその著『南蛮更紗』(改造社、一九二五)のなかで賞讃している。それは、

● 月をこそながめ馴れしか星の夜の　ふかきあわれを今日ぞ知りぬる

この歌には長い詞書がついていて、そのなかに「光ことごとしき星の大きなる」と書いた星について、小川氏は古天文調査をおこなって、それは作歌の年月日当時に、おとめ座にあった木・土の二惑星であ

ろうと同定した。詳しくは、拙著『古天文学の散歩道』（恒星社厚生閣、一九九二）にすでに解説があるので、ここでは割愛してつぎにすすむ。

中国名の恒星の同定

小川氏は昭和七年（一九三二）のころ、わが国の天文史料を通覧して、中国名で「哭星」という見なれない星の名がしばしば現われることに気づいた。そこで二、三の星食犯記事を使ってその位置をあたってみると、やぎ座中の星であるらしいとわかった。しかも哭星には第一星と第二星との二星があるらしい。当時中国でも哭星が何座の何星であるかについては結論が出ていなかった。

小川氏は、中国・日本・朝鮮の天文史料をひろく漁って、「哭星の月による食犯合」「哭星と惑星との犯合」の記事八〇余りを拾い上げて、これに古天文学検証を加えてみた。

その結果、哭星第一星はやぎ座のガンマ星γ Cap（三・七等星）、哭星第二星はやぎ座のデルタ星δ Cap（二・九等星）であることを突きとめた。『天文月報』巻二五、№7、一九三二に掲載された「哭星の同定について」と題する論文がこれである。その結果は図9－9のとおりに示されている。図ではγまたはδから半径一度角の円内に、月または惑星が侵入したときの位置をプロットしている。図中の算用数字は小川氏論文中の出典の整理番号である。

この調査に使った史料は、中国の『晉書』以降各時代の「天文志」、『高麗史』の「天文志」およ

図9-9
哭星（γ、δ Cap）の半径1°以内に接近した月または惑星の犯・合の例。
数字は原典の整理番号（小川氏原図）。

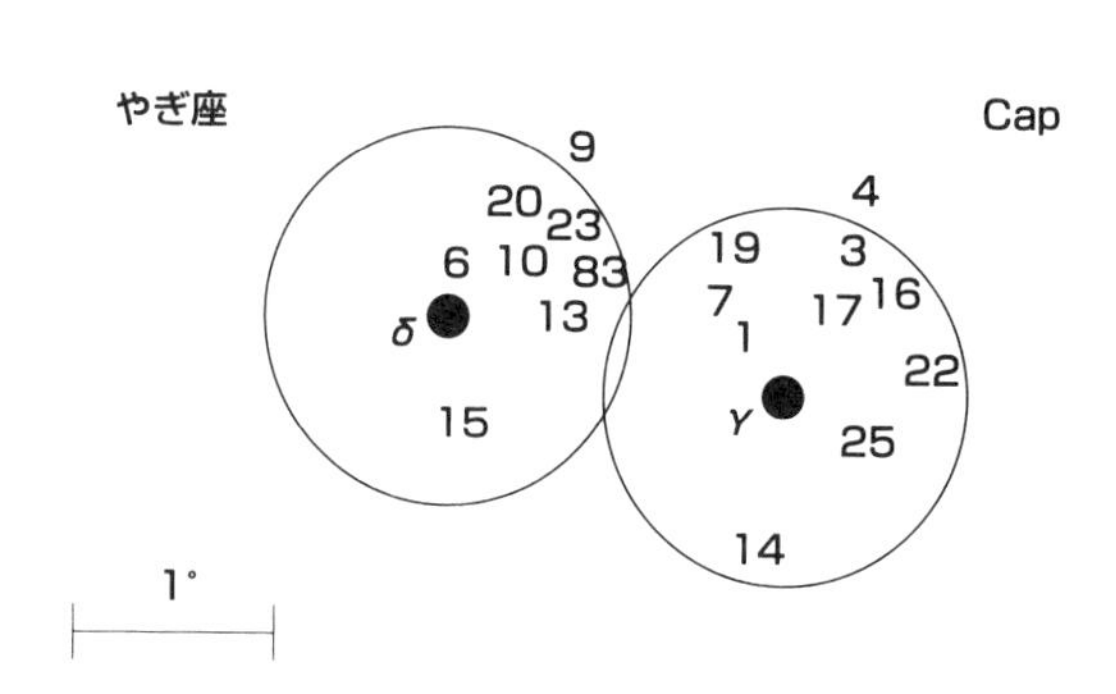

び日本の公卿の日記類から拾い集めたという。当時、神田茂氏の『日本天文史料』（一九三五）はまだ完成していなかった。小川氏は天文台で本務の編暦業務を担当していたかたわら、これだけの綿密な研究を仕上げておられたのには一驚のほかない。このように星食犯記事を使って、古代の恒星の同定を試みたのは小川氏のこの論文が最初であった。このとき小川氏は五〇歳、ますます古天文学の研究には油がのっていた。

哭星は星を変えるか

小川氏の研究はさらに進展する。
古代の哭星はやぎ座のガンマ・デルタ両星と決定したが、時代が移るとともに、星が変わることも判明してきた。すなわち、一一世紀以降には、この二星は「塁壁陣」と同定されている。同じことは『高麗史』

図9-10
仁安元年9月10日（1166 X 5）の深夜、熒惑が哭星第一星（γ Cap）を犯すの図。

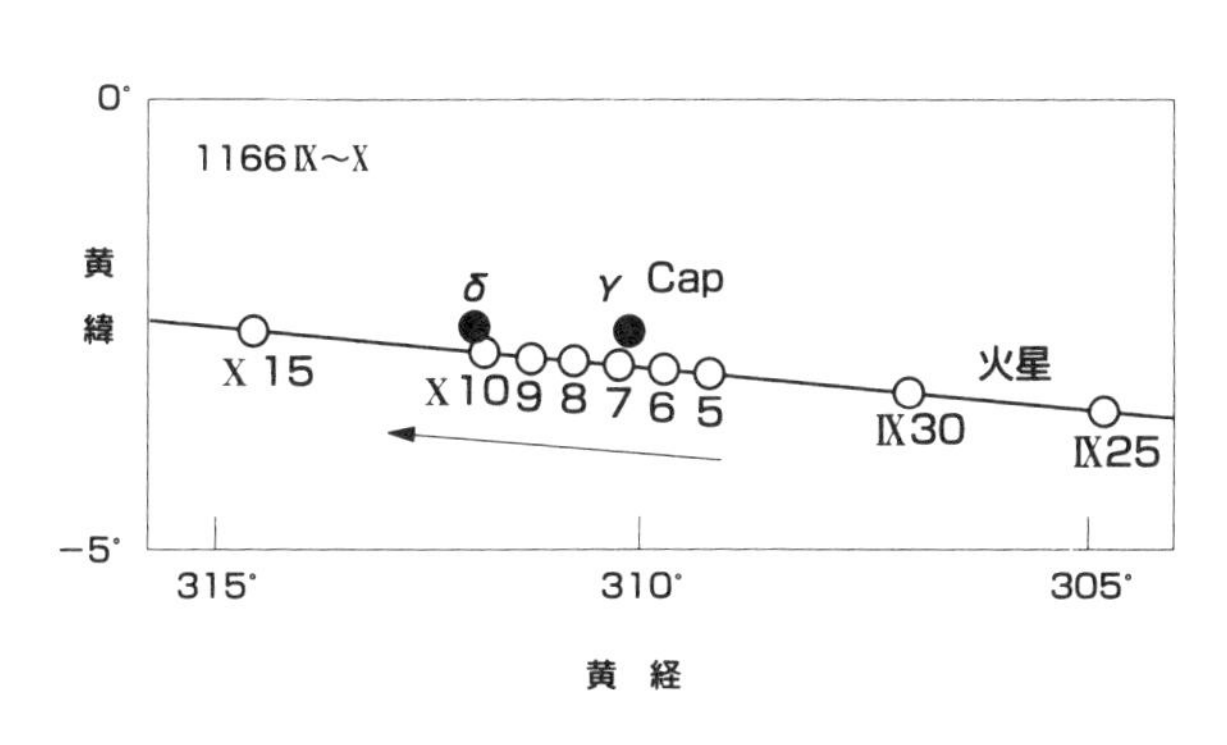

の史料を使った調査にも見られるが、そこでは一四世紀以降になってふたたび哭星にもどっている。

一方、日本では一一世紀から一四世紀までを通して哭星で統一されているという。他方、筆者（斉藤）が試みた別の調査によると、江戸中期（一八世紀）の天文史料では、哭星は塁壁陣（または壁塁陣ともある）と呼ばれていた星と同定される。どうも哭星と塁壁陣とはしばしば名を交換して使われたらしい。

小川氏が示す具体例を紹介しよう。

●日本　仁安元年九月一〇日庚戌（一一六六年一〇月五日）、熒惑哭星第一星を犯す（泰親朝臣記）

中国　乾道二年九月庚戌（一一六六年一〇月五日）、熒惑順行して、塁壁陣西勝［端か］星を犯す（宋史天文志）

この二例は同一年月日の天文記事であるのに、星犯を起こした星名を異にしている。古天文検証によれば、

図 9-11
『旧唐書』「天文志」の天変記事の大暦 13 年（778）は大暦 12 年（777）の誤記と検証された図。

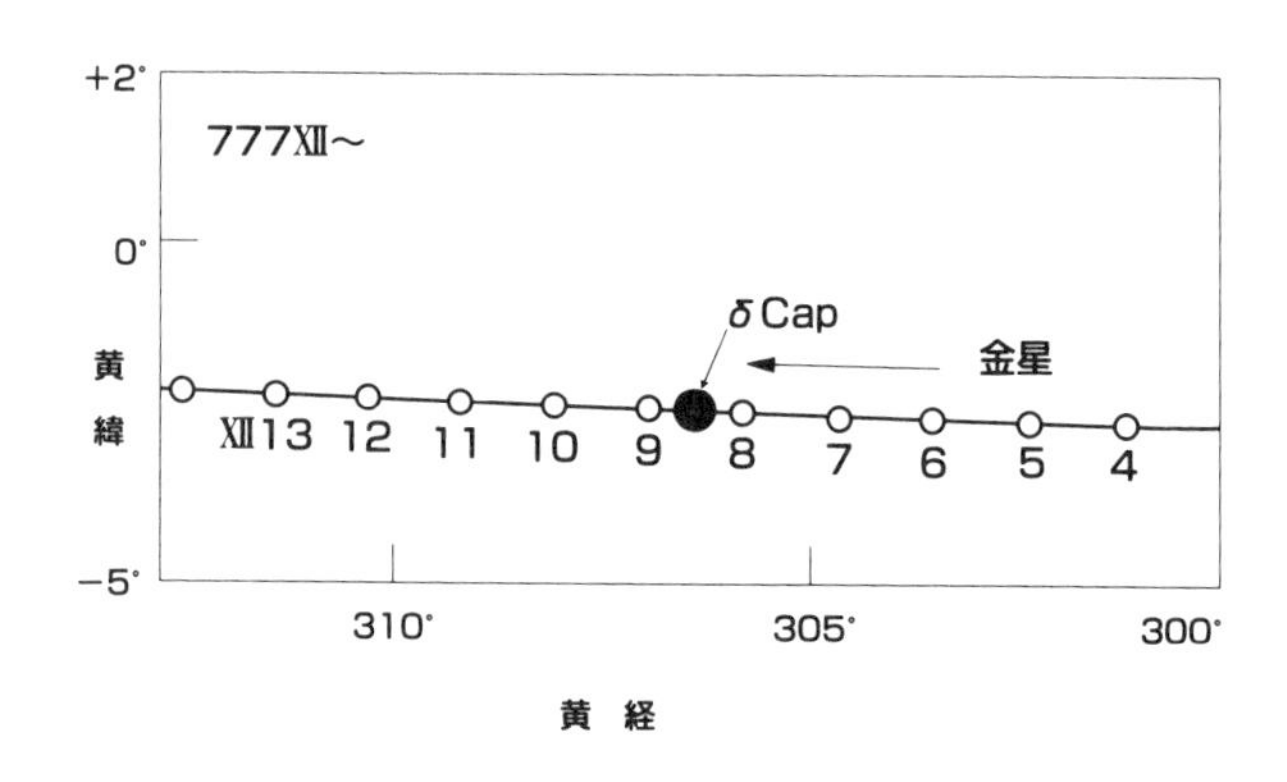

同日に火は哭星第一星（やぎ座ガンマ星）を犯している。図9－10はその前後数日間の火の運行状況を示すものである。

原典の誤記を発見

このような同定作業をしているうちに、小川氏はしばしば原典中に誤記を発見した。いわば研究途上の副産物といえるだろう（先に『吾妻鏡』の項でも述べたとおり）。その一例は、

● 大暦十三年十一月癸丑（一一日）、太白哭星に臨む（旧唐書天文志）

とあるが、この「十三年」は「十二年」の誤り。大暦一二年一一月癸丑（五日）は、ユリウス暦で七七七年一二月九日にあたる。この日の前日夕に、金星が哭星第二星（やぎ座のデルタ星）に〇・二度角まで接近していたことは、図9－11に見るとおりだ。

図9-12
元興2年9月己丑（403 Ⅹ 30）の暁、歳星（木）と進賢（θ Vir）との接近
（『晉書』「天文志」、『宋書』「天文志」）。

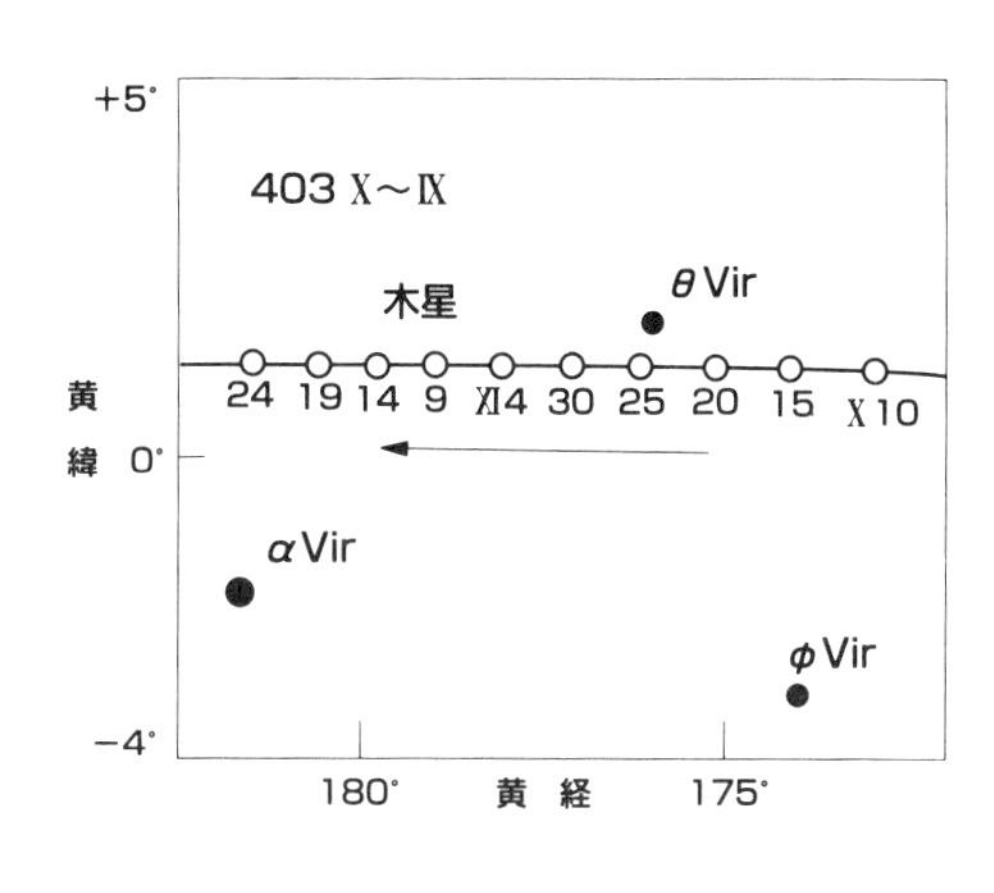

これは年号誤記の一例だが、古い文献にはこの種の単純誤記はしばしば発見される。

中国の「天文志」には、哭星に似て「泣星」という名の星が現われる。しかし現われる数が少ないので、古天文検算による確かな同定は困難だが、八世紀までの史料に関するかぎりでは、みずがめ座のイオータ星 ι Apr と思われる、と述べて小川氏は筆をおいている。

中国の星座管見

小川氏はこのような手法を一般問題に拡張して、中国流の恒星名と西洋流の恒星名とを結びつけること、つまり同定を組織的に開始した。小川氏四四歳から四五歳のころである。その詳細は『天文月報』巻二六、No.6、7、一九三三：巻二七、No.8、9、10、一九三四にわたって「支那星座管見（正・続）」

図 9-13
高麗・靖宗 3 年 10 月戊寅（1037 XI 19）の翌暁、火星と進賢（θ Vir）との接近（『高麗』「天文志」）

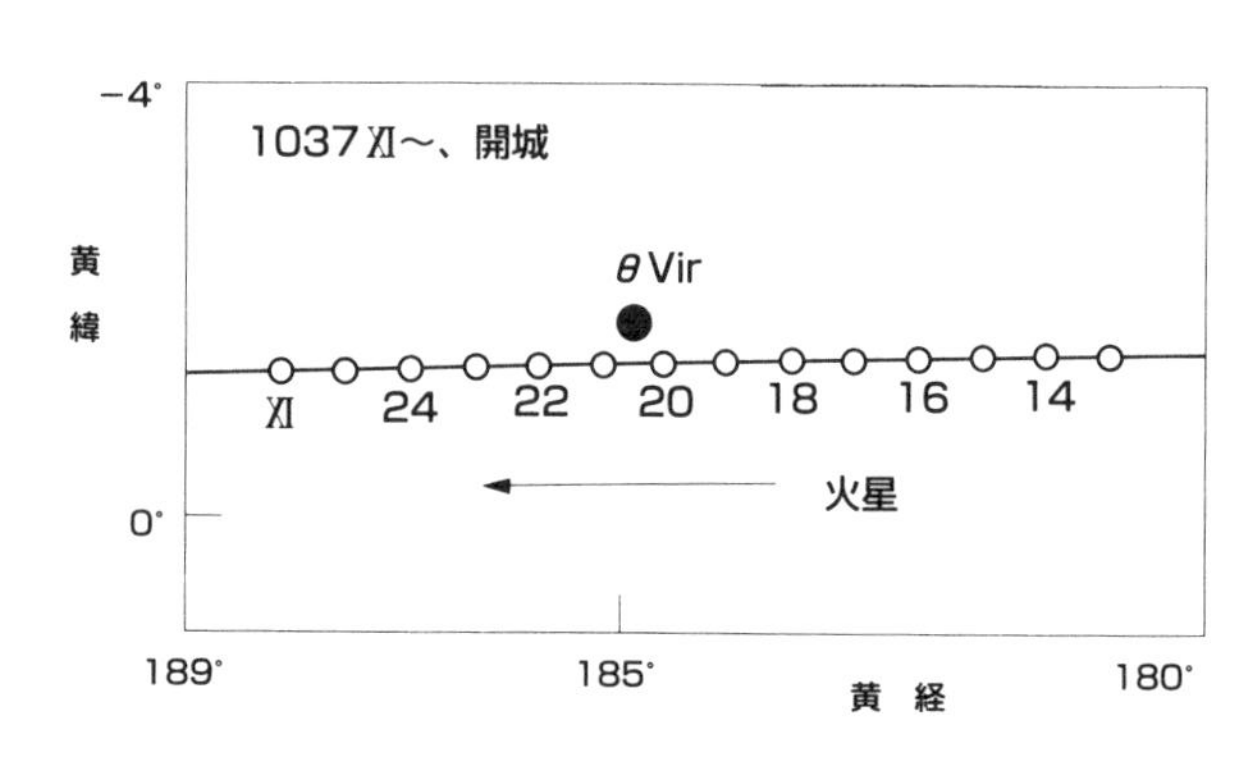

と題するシリーズ物になっている。

この成果のひとつを「進賢星」の同定のしかたに例をとって紹介しよう（他の恒星についても同じ）。

● 元興二年九月己丑（二九日、四〇三年一〇月三〇日）、歳星進賢を犯す（晋書天文志・宋書天文志）

記事の日付の五日前（一〇月二五日）に、歳星（木）はおとめ座のシータ星θ Virと黄経合となる。木はこの星の南〇・五度角にあって犯。図9-12はこの状況を描いたもの。したがって進賢星とはおとめ座θ星（四・四等星）と同定される。日付が五日ちがうのは曇天欠測によるものか。

● 高麗・靖宗三年十月戊寅（一〇日、一〇三七年一一月一九日）、熒惑星進賢を犯す（高麗史・天文志）

記事の日付の翌日（一一月二〇日）に、火はθ Virと黄経合となり、火はθ星の南〇・三度角にあって犯。図9-13はその状況を描いたもの。

図 9-14
仁安元年 11 月 22 日（1166 XII 16）の深更に、月と進賢（θ Vir）との接近（『泰親朝臣記』）。

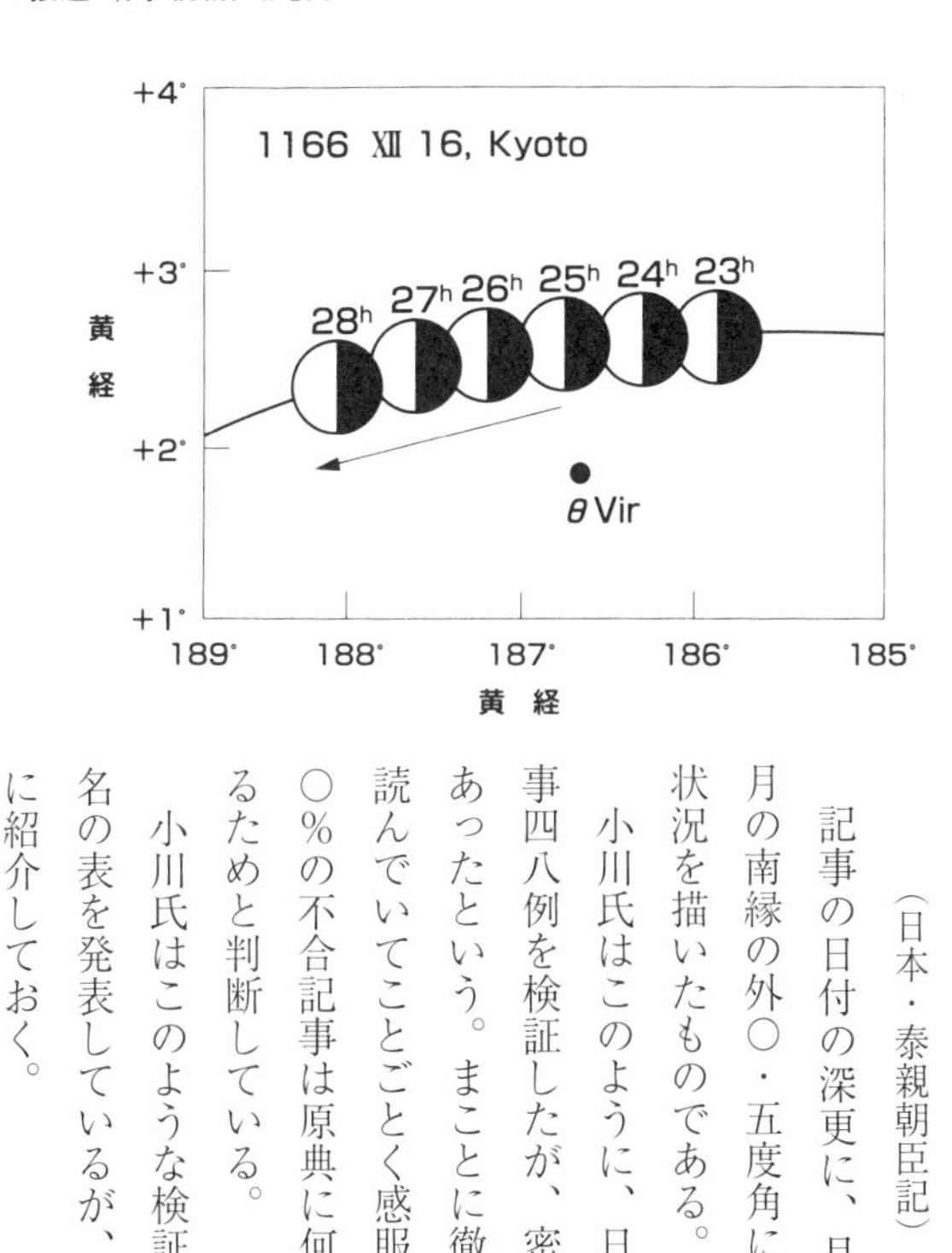

●仁安元年十一月二十二日（一一六六年一二月一六日）、子の時、月進賢星を犯す。相去る二寸（日本・泰親朝臣記）

記事の日付の深更に、月は θ Virと黄経合。星は月の南縁の外〇・五度角にあって犯。図9－14はその状況を描いたものである。

小川氏はこのように、日本・中国・朝鮮の星食犯記事四八例を検証したが、密合する例は全数の八〇％もあったという。まことに徹底した解析であり、論文を読んでいてことごとく感服してしまう。なお残りの二〇％の不合記事は原典に何らかの誤記または錯簡があるためと判断している。

小川氏はこのような検証の結果、同定しえた中国星名の表を発表しているが、それらのうちの数例をつぎに紹介しておく。

積薪＝μ Cuc、五諸侯東星＝κ Vir、天門東星

=89Vir、日星=A Sco、西威四星=ϕ、ξ Sco, 48, θ Lib、鍵閉=ν Sco、鉤鈐二星=ω^1, ω^2 Sco などである。中国の星名は二等星より明るい恒星についてはおよそ確定されている。だから小川氏の努力は二等星よりくらい星の同定に注がれているわけである。

なお、小川氏のこの新しい同定法の応用は黄道帯内の恒星に限定される。黄道帯外の恒星たちは月や惑星と食犯合を起こすことがないのでこの方法が応用できないからである。その点がこの方法の弱点ではあるが、それでも十分多くの成果をあげたといってよい。

小川氏はこれらの研究の結論として、一般には権威視されている載進賢(Koegler、一六八〇～一七四六)の『欽定儀象考成』の星表にはずいぶん怪しい同定が含まれており、むしろ渋川春海(一六三九～一七一五)の『天文瓊統』の同定のほうがより正確だと評価している。最近では、大崎正次氏(一九一二～)の大著『中国の星座の歴史』(雄山閣出版、一九八七)には小川氏の同定した星名の多くが取り入れられている。小川氏も地下で大満足しておられることだろう。

谷家の天球儀

むかしの天球儀の調査も古天文の対象であり、小川氏はこの方面にも触手を伸ばしている。

谷子爵家(西南戦役で熊本城を守りとおした官軍側の谷干城の子孫)に保管されている天球儀は、江戸幕府天文方(かた)・渋川春海の作であり、春海の高弟で土佐藩士・谷秦山(一六六三～一七一八)を通じて谷家

図9-15
谷子爵家の天球儀、元禄10年（1697）渋川春海作の銘文がある。

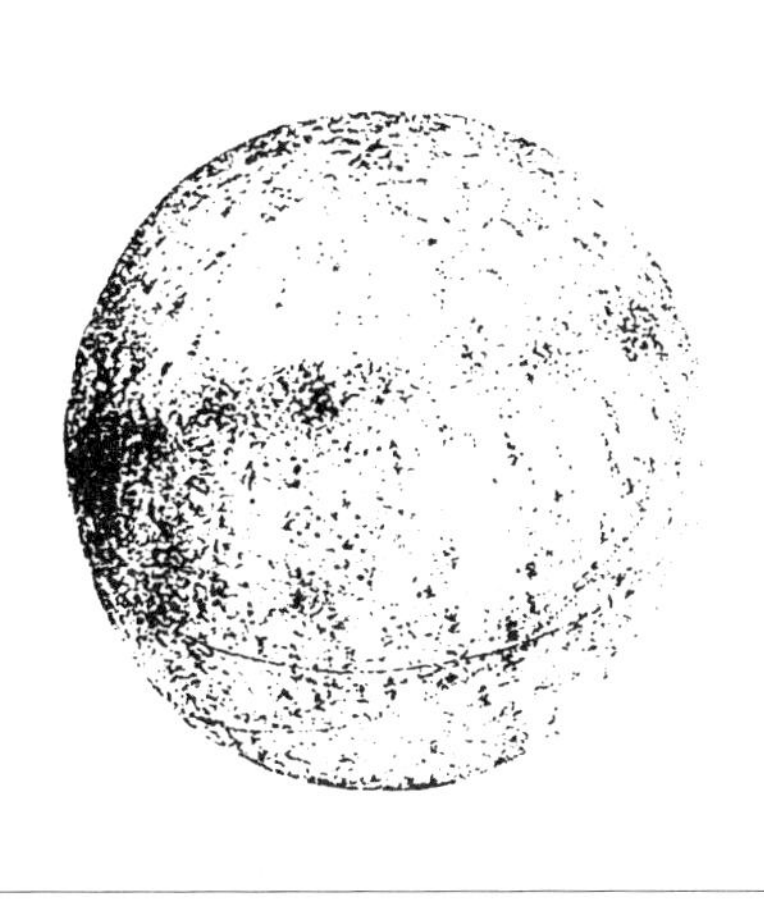

に伝わった逸品という。小川氏は『天文月報』巻二七、№3、一九三四に、「谷家の天球儀の調査」なる論説を掲げている。このとき小川氏は年五二歳だった。

この天球儀は直径三六五ミリの球体だが、いくぶん瓜実形であるという。球の南北両極を貫いて自転軸を取りつけた痕があるが、軸棒や支柱は残っていなかった。赤道は幅約一ミリの赤線を引いて示され、黄道に沿っては径約一ミリの小孔が三六五個穿たれている。恒星は大小二種の円点で示されるが、中国古星図にならってそれぞれが赤・黒・青の色別になっている。

銀河（天の川）はもとは金泥を塗ってあったらしいが、いまはそれも剥落して黒っぽくなっている。二八宿は距線をうすい青色で描いてあるが、現在ははなはだ不明瞭である。図9－15はその全体像である。

小川氏は恒星の位置が春海の実測に基づいて描かれ

ている点に価値があるという。

すなわち、秋分点から黄道に沿って各星の黄経差を測定してみたところ、歳差（一年あたり＋〇・〇一四度角）の倍数だけ黄道上を元にもどすと、一六七〇～九〇年という年代を得た。

この天球儀は元禄一〇年（一六九七）につくられたとの銘文があるから、年代がほぼ一致することが確認された。二八宿距星の赤経・赤緯値を測ってみると、星々の位置はプラス・マイナス〇・四度角の精度で合っている。そこでこれは非常に精巧な作品である、と小川氏は折り紙をつけている。

この天球儀は、現在東京上野の国立科学博物館のショーケース内に飾られているが、その台架・軸棒はのちに付けられたものだろう。

新月の初見について

続いて小川氏は研究の鉾先を転じて、新月初見について珍しい調査を展開する。

新月（二日月、三日月）の初見については、すでに「看聞御記中の新月記事」で取り上げたが、古暦では、新月の初見とともに残月の終見（見納め）の日付も重要な観察対象なのである。小川氏はこのことについて「新月の早見に関するフォザリンガム限界線について」（『天文月報』巻二八、No.8、一九三五）なる論文を発表している。フォザリンガム（Fotheringham）とは当時の有名なイギリスの古暦学者である。

フォザリンガムによれば、新月の初見と残月の終見とは、

図 9-16
フォザリンガム限界線。白丸は新月・残月の正視、黒丸は不正視。
図中の数字は資料の整理番号（小川氏原図）

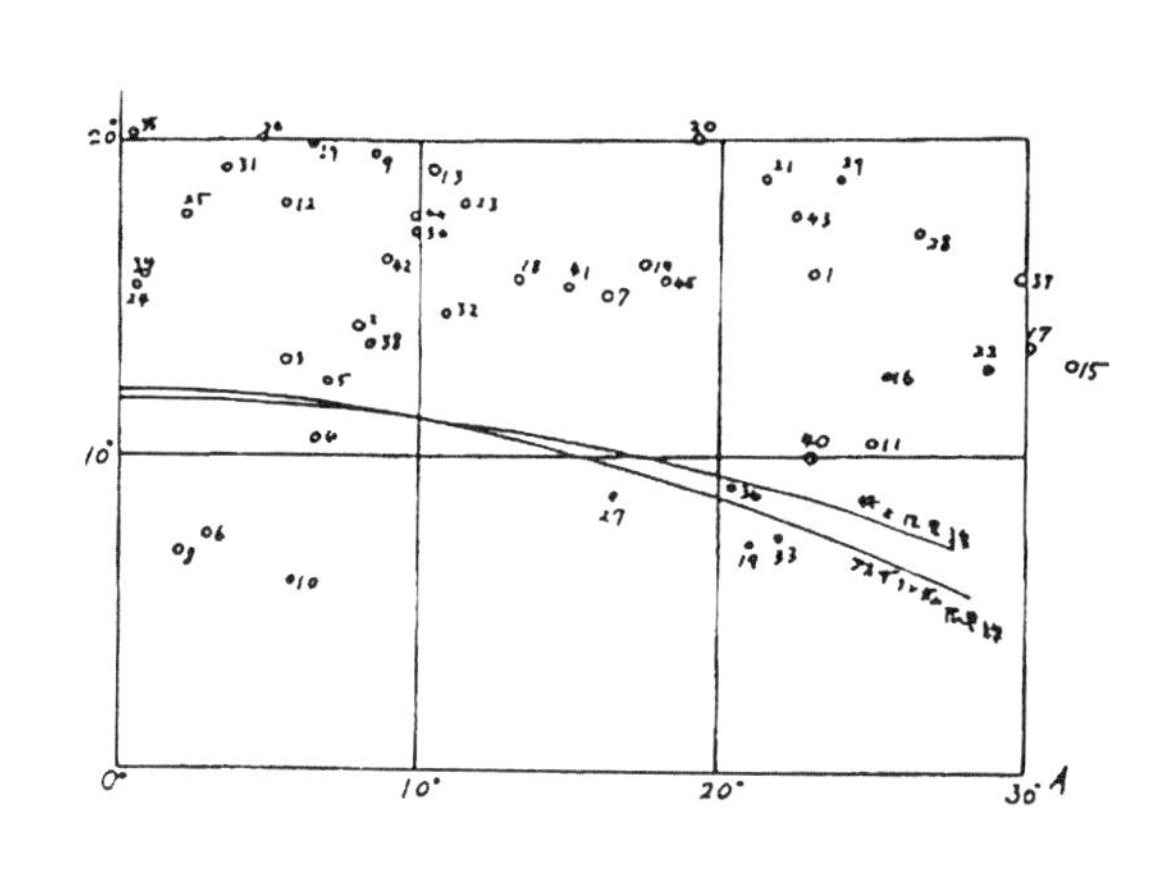

一、日入り（または日出）時における太陽と月との地平方位角差（これをAと記す）と、

二、そのときの月の高度角（hと記す）

との二重関数であるという。

いま、直角座標の横軸にAをとり、縦軸にhをとれば、新月または残月の現・不現の限界はこの図の上でひとつの実験曲線をもって表わすことができるという。

すなわち、この曲線の上方のスペースにプロット（A、h）が存在する新月・残月は現（可視）であり、曲線の下方のスペースに存在するプロットでは不現（不可視）である。その様子は図9－16を見ていただきたい。図中の各プロットに添えた算用数字は小川氏論文中の史料の整理番号である。

フォザリンガム限界線

小川氏による具体的な調査例を二、三紹介しよう。

●本始四年七月甲辰（三日、BC七〇年八月四日）、月辰星を犯す（漢書天文志）

これは中国の史書からとった記録である。長安におけるこの日の日入り時の月の位置を計算すると、A＝一三・一度、h＝一五・七度を得る。これは図9-16で「一」と番号をつけた点にあたり、フォザリンガム限界線よりも上方に位置するから、この日の新月はたしかに「正見」である。

●永亨五年九月三日（一四三三年一〇月一五日）、月不見（看聞御記）

これは前項『看聞御記』で引用ずみの記録。計算によると、日入り時の月の位置A＝二〇・四度、h＝九・一度。点「36」がこれにあたり、ここは限界線より下方になるから新月は「不見」であり、記事の「不見」とも合致する。同じ陰暦三日でも場合によって現・不現が分かれるのである（実はこの時の新月は四日に現われた）。

小川氏は右のような調査を重ねた末に、フォザリンガム限界線を少し改訂して、

$$h = 11^{\circ}.8 - 0^{\circ}.006A^2$$

で表わされる新しい二次曲線を得ている。これは東洋の天文記録だけを使って得た限界線というべきであろう。もっとも両者の間に大きな差は見られない。図9-16には両方の限界曲線を描いてある。むしろ両者を合わせて「フォザリンガム・小川曲線」というほうがよいだろう。

朔ののちのいつ新月が実視されるかという問題は、いまでは純粋の大陰暦を使っているイスラム教圏（アラビアなど）の人々に関心があるだけで、現代の天文学者は興味を示さないだろう。してみれば、小

川氏は日本でこのことを研究した最後の人といえるかもしれない。

ところで小川氏は、古文献にのる天文記録を調べてものを言っていただけではなかった。彼は現代でも新月のデータを収集しようと企て、『天文月報』誌上で読者に呼びかけて、観測データを募集している。

その呼びかけのなかで「新月の初見の観測には、日没後の二〇分～三〇分のころ、明るい薄明の中で肉眼のみでおこなってください」と注意書きをしている。その成果は『天文月報』巻二八、№10、一九三五に、「去る八月三一日の新月観測」と題して応募データを発表している。まことに小川氏は机上の理論家であるばかりでなく、野外の実践家でもあったことを知るのである。

古暦研究を開始する

小川氏の古天文学上の開拓的研究は、縦横無尽、天馬空をゆく勢いで進んだが、最終段階において、その研究は当時（昭和一〇～二〇年）の日本の国体に背反する危険な範囲にまで発展していく。本章では、その悲劇的な結末までを余すところなく述べることにする。もっともその初めの段階では、まだ平穏な雰囲気であったが……。

その発端は、『天文月報』巻三五、№6、7、一九四二に掲載された「宣明暦行用時代における推算と暦日」と題する論考だった。これは印刷されてB5版で一二ページに及ぶから雑誌掲載論文としては大著である。実はこれより前にも、「授時暦の消長法と春海のいわゆる再消法」同、巻三〇、№6、一九三七と、

「ユリウス暦日の起日について」同、巻三〇、№8があるが、ここでは内容の紹介を割愛して先を急ぐ。

日本古暦の研究といえば、まず渋川春海の『日本長暦』（延宝五年、一六七七）があげられる。これはある暦算式を設定して、古代に溯って計算された暦日表だ。当時行用されていた暦日としては『六国史』・『吾妻鏡』などの暦日干支との照合がなされている程度という。ついで中根元圭（一六六二〜一七三三）の著『皇和通暦』（正徳四年、一七一四）では、春海による不備を補う意味で、当時行用された暦記とできるだけ多く比較照合をしている点では歴史的価値があったといわれている。

明治以降には、内務省地理局編纂の『三正綜覧』（明治一三年〈一八八〇〉初版、一九三二年再版、一九六五年三版、一九七三年四版）が長く使用されていたが、誤記が多く、長暦としての価値は『皇和通暦』を越すものでないと評する人もいる。なお、神田茂編の『年代対照便覧ならびに陰陽暦対照表』（一九三二）は『三正綜覧』の不備を補うもので、『三正綜覧』第四版の付録として神田茂氏がその巻末に添加して当時評判がよかった。

このあたりから小川氏の古暦研究が新たに参入するのであるが、後述するように思わぬ障害が立ちふさがることになる。

戦後になって、この「障害」が取り除かれてからは、まず内田正男氏編著の『日本暦日原典』（雄山閣出版、一九七五）、ついで同氏著『日本書紀暦日原典』（同、一九七八）、ついで湯浅吉美氏編『日本暦日便覧』（汲古書院、一九八八）、大谷光男氏ら共編『日本暦日総覧』全四巻（本の友社、一九九四〜）などのりっぱな暦表がぞくぞく出版されている。

紙背文書

古代から中世にかけて、紙は稀少かつ貴重だった。当時は使い古した前年の暦本のトジ目をばらして、紙の裏面を再利用するのが普通だった。このように裏面に書かれた文書のことを歴史家は「紙背文書」という。紙の表裏のうちどちらの記述が史的価値が高いかは、その記述内容または研究目的により異なるだろう。古代の暦日を調べるには、このようにバラバラにされた暦本の一部（「古暦断簡」という）がおおいに役立つ。

古暦断簡には、わずかに月朔干支・節干支、月の大小や諸暦注などが部分的に残存するが、その年次が不明なものが多い。そこで断簡の年次を決めることが古暦研究家にとっては最初の仕事である。これは一種の「虫食いクイズ」を解くようなスリルがある。

小川氏と上田穣氏（京大教授、一八九二〜一九七六）とのあいだで、ひとつの古暦断簡の年次の決定について華やかな論争があった。

とくに興味をもつ方は『天文月報』巻三六、No.12、一九四三と巻三七、No.3、一九四四を見られたい。一般読者にとってはあまりにも専門的な話題なので、ここでは割愛してつぎに進む。

いよいよ問題の論文

最後に、小川氏が残した悲劇の大論文の話に移ろう。

日本古代史で、日本国家成立の根本文献はいつも『日本書紀』である。そこには神武天皇即位前七年から月朔干支のついた日付のある記事が載せてある。たとえば、

●その年の冬の十月丁巳の朔にして辛酉の日（陰暦五日）、天皇親から諸皇子・船師をひきいて東へ征き給う（日本書紀　巻三・神武天皇紀）

とある。この記事は神武東征の記といわれるところである。「その年」とは神武即位前七年で、BC六六七年とされていた。この文のように干支のついた暦日記事は『日本書紀』に総数九〇〇余りある。現在の考古学からいうと、BC七世紀の縄文時代の日本に、こんなにキチンとした暦法がおこなわれていたかどうかは疑わしい。万一あったとしたら、それはどのような暦法によっていたのかが、古暦研究上の問題となる。

小川氏はこの問題解決のために、『日本書紀』の暦日干支について天文暦学的な調査を開始した。それは戦前の昭和一五年（一九四〇）のことで、小川氏は五八歳になっていた。

昭和一五年（一九四〇）といえば、神武天皇即位紀年で数えると皇紀二六〇〇年となる（一九四〇＋六六〇＝二六〇〇）。明治以降高まり続けていた皇国史観＝神国日本の思想はこのころ頂点に達し、日本は神国であり天皇は万世一系の現人神とされ、「紀元は二千六百年」と唱う歌声は日本国中に響きわた

っていた。かくいう筆者も老若男女の人波にもまれながら、皇居前広場を行進する祝賀行列に加わった記憶がある（当時の筆者は二七歳であった）。

さて当時、『日本書紀』は日本国最古の官撰の正史であり、そこに記された文章は一字一句に至るまで絶対無謬の聖典とされていた。ところが小川氏の研究した結果では、『日本書紀』に記載される古代の暦日は、後世（八世紀）の偽作であり、古代暦日を偽作するに使った暦法もほぼ推定ができた、というものである。

こんな学説をこのような時期に公表したら、たちまち「治安維持法」に引っかかって投獄されたにちがいない。純粋な自然科学上の研究が政治思想や神学と衝突した前例は、ガリレオ・ガリレイ（一五六四〜一六四二）の地動説があるが、小川氏の場合もまさしくこれに近い迫害をうける危険をはらんでいた。

小川学説の主要点

その小川氏の学説をここに要約すると、つぎのようになる。

一、神武天皇（BC七世紀）以降、AD五世紀までのあいだに、『書紀』に載る月朔干支は『書紀』の編纂（完成はAD七二〇年）にあたって、陰陽寮の暦博士らが「儀鳳暦」（詳しくは後述）の算法を使って古代まで逆算して得た数値・記号であり、古代の日本にそのような暦が行用されていたわけではなかった。

二、儀鳳暦は本来「定朔法」（日月の天球上運動をそれぞれ不等速とする）をとる暦法であるが、当時の暦家は逆算の手間をはぶくために、より簡単な「経朔法」(日月の天球上運動をそれぞれ等速と仮定する)を採用して算定をした。

三、AD五世紀以降は、元嘉暦(後述)の算法を使って算定をした。元嘉暦はもともと経朔法による簡単な算法の暦法である。

四、上記のような二種類の暦法を使い分けしたと仮定すると、『書紀』に載っているすべての月朔干支は上記暦法の結果と一致する。ただし、三件だけは月名の前に「閏」字を補う必要がある。これは『書紀』成本の際に誤って脱字したのであろう。

ここで「元嘉暦」というのは、中国劉宋の時代の元嘉二二年(AD四四五)に、初めて宋国で施行された暦法で、施行以来六五年間行用された経朔法による暦法である。この暦法の内容は『宋書律暦志下』に詳しい。一方、「儀鳳暦」というのは、唐の麟徳二年(六六五)に唐国で始めて施行された定朔法による暦法である。これは中国では「麟徳暦」と呼ばれたが、日本に輸入されると、なぜか儀鳳暦と別名で呼ばれている。麟徳暦(儀鳳暦)の内容は『新唐書・暦志 二』に詳しい。

危険思想とされた論文

以上の小川氏の所論は、現代では日本史の研究家も古暦学者も広く認めているところだが、昭和一五年(一九四〇)当時にあっては、天文学者のなかからはその発表を懸念する空気があった。平山清次教授(天文学、一八七四〜一九四三）は古暦・古天文には知識もあり理解も深かったが、時局が非常事態にあることに鑑み、小川氏の論文を印刷して公表することはさし控えるよう働きかけたということである。

なにしろ、その翌年の昭和一六年（一九四一）には、太平洋戦争が勃発しているのである。小川氏にとっては「天のとき」がもっとも悪かった。そんなわけで、この論文は小川氏の机の引き出しのなかでその後五年間くすぶっていた。研究者としてはさぞや無念だったろう。もっともその貯蔵期間中に、小川氏は何度も検討をくりかえし、原稿を書き直していたというから、その論文は十分な熟成をして世に出る日を待つことができたともいえる。

昭和二〇年（一九四五）八月になって、長く続いた太平洋戦争も終わり、日本国は一敗したかわりに古代史についての拘束はなくなり、言論はまったく自由になった。小川氏はその前年に東京天文台を定年退官していたが、長年机中に温存してあった論文は晴れて陽の目を見る機会が到来した。小川氏は自費でその論文を謄写印刷で四〇ページの小冊子にまとめて、ごく少数の関係者に配送した。この論文は発行部数が少なかったため、のちにその評価が高まると、引っぱりダコで読みまわされた。現代のようにコピーが簡単にできる時代ではなかった。

筆者はこの謄写版論文のコピーを所持しているが、論文の表題は「日本書紀の暦日に就て」とあり、日付は昭和二一年（一九四六）八月となっている。その後、内田正男氏が『日本書紀暦日原典』（雄山閣出版、一九七八）を発刊するにあたり、その巻末付録としてこの論文の全文を活字におこして再録したのは快挙だった。まことに時代の波にしたたかに翻弄された論文であった。

すべて本業の余暇に生産されたもの

小川氏は昭和二五年（一九五〇）一月一〇日に、埼玉県の居宅で急死された。東京天文台の編暦室で永年机を並べて親交の厚かった同僚の寺田勢造氏が、『天文月報』巻四三、No.4、一九五二の誌上に弔辞を寄せているので、その一部を引用しておく。

●新年に小川さんから賀状を戴いた。「そのうち皆さんと一堂に会して一パイ引っかけたいものですね。いずれその折りがあるでしょう」と元気な文句。つぎに一首、

歳を経て書きつづり来し文がらの　陽の目をやがて見るぞうれしき

と近作の和歌をしたためてあった。老来ますます元気で、暦法の研究にいそしんでおられることを知り、私も大いに喜んでおった。ところが旬日も経ない一〇日に急逝されたとの通知に接しまったく驚いた。さっそくお悔やみにいき、遺族の方からお話しを伺うと、それまで何の前兆もなく、読書の最中に急逝されたということだ。（以下略）

小川氏が東京天文台在職中の仕事は、伊勢の『神宮暦』の編纂だった。筆者の知る限りでは、編纂主任の福見尚文助教授（一八八五〜一九七〇）のもとに、数名の同僚技官とともに毎年同じような暦算に従事しておられた。だから本章で筆者が紹介した古天文・古暦の研究は小川氏本来の業務ではなく、す

べて本務の余暇に生産されたものである。

東京天文台勤務の教職員が研究・業務の成果を発表する出版物としては、『東京天文台年報（英文）』『東京天文台報（和文）』その他があったが、小川氏はこれらにはその研究成果を一度も発表することがなく、もっぱら日本天文学会の機関誌『天文月報』に掲載発表しておられた。自分の担当業務でない論考を天文台の出版物に載せることを遠慮しておられたのかもしれない。氏は『天文月報』発刊の初期から編集人として自由に執筆できたから、『天文月報』のほうが気安く発表できたともいえようか。

先に筆者は、小川氏が聾者の身でありながら、英語・ドイツ語・フランス語まで修得していたことを「奇跡」のように紹介した。この点についての経緯を大沢清輝氏（元東京天文台長、一九一七〜）にうかがったところ、つぎのような返書をいただいた。

●「小川氏はむかし旧制高等学校の学生がよく使った欧和対訳の小説本などを徹底的に勉強し、ほとんどそれらを丸暗記するまで覚えてしまっておられた」

実に小川氏は身体上の不利と学閥上の不遇と時代的困難との三重苦にもめげずに、その知能を全開して一生を走り抜いた努力の人であった。

最後にひと言。小川氏の古天文学計算については、筆者が本章をまとめるにあたって、その大部分を追試してみたが、すべてに誤算らしきものは見出し得なかった。現在のようにパソコンなどのなかった戦前のことを思えば、よくぞやったものであると驚嘆する次第である。

[参考文献]

Richter von Oppolzer, Canon der Finsternisse, Wien, 1887

P.V. Neugebauer, Tafeln zur astronomischen Chronologie, I ~ V, Leipzig, 1914 ~ 1929

Karl Schoch, Planeten-Tafeln für Jedermann, Berlin, 1927

石井進『見る・読む・わかる　日本の歴史』巻五　朝日新聞社、一九九三

内田正男『日本暦日原典』雄山閣出版、一九七五

新村出『南蛮更紗』改造社、一九二五

斉藤国治『古天文学の散歩道』恒星社厚生閣、一九九二

神田茂『日本天文史料』恒星社厚生閣、一九三五

神田茂監修『三正綜覧』第四版、附「年代対照便覧ならびに陰陽暦対照表」、一九七三

内田正男『日本書紀暦日原典』雄山閣出版、一九七八

斉藤国治「古天文学の先達——小川清彦」『星の手帖』巻五五、一九九二冬と巻五六、一九九二春

『シラー名作集』白水社、一九七二

小川清彦「太平記稲村ヶ崎長干のことの話」『天文月報』巻八、№1、一九一五

「右京大夫の見た星に就て」同上　巻二三、№6、一九三〇

「看聞御記に見えた新月の観測と三正綜覧の一誤謬」同上　巻二四、№4、一九三一

「吾妻鏡に見えた錯簡の二天文記事」同上　巻二四、No.7、一九三二
「辰星早没夜初長について」同上　巻二五、No.4、一九三二
「哭星の同定に就いて」同上　巻二五、No.7、一九三二
「支那星座管見」同上　巻二七、No.8、9、10、11、12、一九三四
「続・支那星座管見」Ⅰ、Ⅱ、Ⅲ、Ⅳ、Ⅴ、同上　巻二七、No.8、9、10、11、12、一九三四
「新月の早見に関するフォザリンガム限界線に就いて」同上　巻二七、No.8、一九三五
「授時暦の消長法と春海の所謂再消法に就いて」同上　巻三〇、No.6、一九三七
「宣明暦行用時代に於ける推算と暦日」Ⅰ、Ⅱ、同上　巻三五、No.7、8、一九四二
「古暦管見」Ⅰ、Ⅱ、Ⅲ、同上　巻三六、No.2、3、4、一九四三
「古暦新見」同上　巻三六、No.12、一九四三
「古暦断見・正誤表」同上　巻三六、No.3、一九四四
「日本書紀の暦日に就て」謄写版私家製本、一九四六（この全文は内田正男編『日本書紀暦日原典』雄山閣出版、一九七八の巻末に付録として再録されている）

あとがき

本書第九章で詳しく述べたとおり、いまから約六〇年前、小川清彦という耳の不自由な老学者が、日本では初めて「古天文学」という学問の道を拓いた。そのあと五〇年ほどのブランクをおいて、一九七四年に筆者が公職を退いたのち、思い立って小川氏の跡を復活させて今日に至っている。

小川氏が活躍した時代は太平洋戦争の直前から直後までで、すべてにおいて苦しい時代だった。それに引きかえ、現代は自由で便利な世のなかになった。パソコンは天文計算を迅速かつ正確なものにしてくれた。お陰で筆者はつぎのような著書を世に出すことができた。

一、『星の古記録』岩波新書、一九八二、再版一九九三
二、『飛鳥時代の天文学』河出書房新社、一九八二
三、『国史・国文に現れる星の記録の検証』雄山閣出版、一九八七
四、『古天文学―パソコンによる計算と演習』恒星社厚生閣、一九八九
五、『古天文学の道』原書房、一九九〇
六、『古天文学の散歩道』恒星社厚生閣、一九九二
七、『中国古代の天文記録の検証』（小沢賢二との共著）雄山閣出版、一九九二
八、『日本・中国・朝鮮―古代の時刻制度』雄山閣出版、一九九五

これに本書を加えれば筆者の古天文学関係の著書は九冊になる。これらのうち、三、四、七、八は古天文学上の学術研究書であり、残りは古天文をあつかった一般向けの読み物である。日ごろ、古書を通読しているとしばしば挿話的興味のある記事にぶつかる。これらを古天文学を使って自分流に解釈すると捨てがたい小品がいくつもでき上がる。堅苦しい計算の合間からこのような趣味的な楽しみが生まれるのである。本書もこの一般的な「読み物」である。

ところで筆者も本年（一九九五）七月で満八二歳になった。雄山閣出版編集部長・芳賀章内氏の執筆勧告に誘われて、筆者としてはこれが最後の著作となるであろうものを世におくる。本書の題名は特に編集部長が考案して下さったものである。

さて、「古天文学」も文部省公認の学術用語になったのであるから、高齢の筆者はそろそろ引退して、これからは若い世代の古天文学研究者の進出に期待している。

終わりにあたり、本書を遥かに故・小川清彦氏の霊に捧げたい。

一九九五年九月　　著者しるす

■著者紹介

斉藤国治（さいとう くにじ）

1913年7月1日東京に生まれる
1936年3月東京大学理学部天文学科卒業
1974年3月東京大学東京天文台教授を定年退官
以後「古天文学」を創設し研究に専念する
理学博士
2003年逝去

〈主な著書〉

『星の古記録』岩波書店　1982、1993（再版、増補改訂）
『飛鳥時代の天文学』河出書房新社　1982
『国史国文に現れる星の記録の検証』雄山閣出版　1986
『古天文学—パソコンによる計算と演習』恒星社　1989
『古天文学の道』原書房　1990
『古天文学の散歩道』恒星社　1992
『中国古代の天文記録の検証』（小沢賢二と共著）雄山閣出版　1992

著者のご遺族、あるいはご遺族のご連絡先をご存知の方は、
小社までご連絡くださいますようお願い申し上げます。

平成29年6月26日　初版発行
令和5年2月25日　第二版発行　《検印省略》

歴史のなかの天文—星と暦のエピソード—【第二版】

著　者　斉藤国治

発行者　宮田哲男

発行所　株式会社 雄山閣
〒102-0071　東京都千代田区富士見2-6-9
TEL 03-3262-3231(代)　FAX 03-3262-6938
https://www.yuzankaku.co.jp
e-mail　info@yuzankaku.co.jp
振替：00130-5-1685

印刷・製本　株式会社ティーケー出版印刷

Printed in Japan 2023

ISBN978-4-639-02886-4　C0021
N.D.C.200　240p　19cm